中国博士后科学基金第69批面上资助二等：
课题号2021M691042

2022年度高校思想政治理论课教师研究专项一般项目：
课题号22JDSZK174

祛魅与新立

具身认知的基本属性与边界条件

翟贤亮 ◎ 著

海峡出版发行集团｜福建教育出版社

图书在版编目（CIP）数据

祛魅与新立：具身认知的基本属性与边界条件/翟贤亮著. —福州：福建教育出版社，2024.12.
ISBN 978-7-5758-0356-4

Ⅰ.B842.1

中国国家版本馆CIP数据核字第2024SF5241号

Qumei Yu Xinli：Jushen Renzhi De Jiben Shuxing Yu Bianjie Tiaojian
祛魅与新立：具身认知的基本属性与边界条件
翟贤亮　著

出版发行	福建教育出版社
	（福州市梦山路27号　邮编：350025　网址：www.fep.com.cn
	编辑部电话：0591-83727542　83726908
	发行部电话：0591-83721876　87115073　010-62024258）
出 版 人	江金辉
印　　刷	福建新华联合印务集团有限公司
	（福州市晋安区福兴大道42号　邮编：350014）
开　　本	710毫米×1000毫米　1/16
印　　张	14
字　　数	218千字
插　　页	1
版　　次	2024年12月第1版　2024年12月第1次印刷
书　　号	ISBN 978-7-5758-0356-4
定　　价	45.00元

如发现本书印装质量问题，请向本社出版科（电话：0591-83726019）调换。

绪　　论

何言祛魅，何以新立？

因泛化而祛魅。源于心智哲学的具身认知一经提出，便受到了广泛关注，成为第二代认知科学的核心议题之一。但现今学界对具身认知的解读、应用皆存在一种泛化的倾向，突破了其应有的边界，近乎形成了一种具身"幻象"。这种因泛化而迷失的具身边界及其困境并不利于揭示认知本质。纵观其历史与发展，认知的具身性虽已成共识，但我们并不像泛化现象中体现的那般了解何谓具身，并不清晰具身认知何以能发生，并不确定具身认知是以何种方式、在何种程度上发展。泛化困境的根源在于学界对具身认知之基本属性与边界条件问题的把握还并不足以支撑对具身的泛化应用。由此，在广泛开展具身教育等应用研究之前，有必要先引入基本属性与边界条件问题，考察认知的具身模式、具身程度差异。进而言之，从身体各属性切入以理清具身认知的基本属性，进而借助具身认知的基本属性辨析其边界条件，再由边界条件辨明基本属性、本质，将能更好地推进学界对具身认知的把握，更好地处理离身、具身关系问题，更好地理解认知本质。这将有助于我们重新定位具身，树立一种新的研究立场、学术态度。也即由反身而新立。

第一部分，具身认知泛化困境的批判性反思。从学科发展史的视角考察身体在认知心理学中的历史境遇，对比、理清具身认知中所谓"身"的概念、角色或作用等，从而为揭示泛化的具身认知研究及其现象、为理解何以言泛化及何以不能泛化等问题奠定基础。

第二部分，反思身体属性以考察具身认知的基本属性、特征，进而辨析具身效应发生的边界条件。身体首先是物理生理的，其次是毕生发展变化的，然后才是受后天文化影响的、个体化发展的。由此：（1）物理生理属性维度，一个能感知、有行动的特异性身体是具身认知的根本前提，前提性预设了具身认知的变化范围，可视为具身的基础或初始条件。（2）毕生发展维度，从童年感知运动主导的趋强的具身，到青年渐稳的具身，再到老年视觉主导的趋弱的具身，具身认知表现为一定的年龄特征与毕生发展规律。这意味着，具身认知的发生有着年龄、发展层面的限制，需要感知运动经验信息类型及其品质与认知任务的匹配。（3）文化属性维度，固有的风俗习惯、价值观念等文化驱动力塑造身体感知运动、身体观、身体表征，促使具身认知以符合文化期望的方式发生、发展。但文化形态的改变，如文化混搭、数字文字等可直接改变个体文化经验以促成多元文化具身模型、虚拟具身。（4）个体化维度，个体化发展的感知运动习惯与特异的身体感受性共同促成了，也限制了个体惯常持久的具身风格、具身水平，使得个体表现出习惯化的具身方式、具身程度。综合言之，具身认知是身体特异的、年龄特异的、文化特异的、个体化的。认知是否具身，又以何种方式、在何种程度上具身，是定域的、有着多边边界条件限制的。这种多边边界条件既是离身、具身的边界条件，又是具体某一具身方式、具身程度的边界条件。

第三部分，基于边界条件，在前理论视角（不预设理论假设）追问具身认知理论应该面对的认知基本问题：认知一般化问题、认知灵活性问题、认知抽象性问题。边界条件意味着认知的具身化并非必然，这就直接挑战了具身认知理论的解释效力、解释范围。由此，有必要从前理论视角出发，选取所有认知理论都需要解决的认知基本问题以追问具身的有效解释范围，进而进一步辨明何谓具身认知、辨明具身知识的边界与属性。认知的一般化、灵活性、抽象性要求，使得个体需要识别、判断概念的深层结构，需要联合多种特定模态表征以形成语义记忆、语义表征。这意味着一种跨模态、中心性的语义表征系统的可能，一种多元表征的可能，一种离身、具身同构共生的可能。由此直接挑战了具身认知的核心理念，也再次确证了具身认知边界条件的存在，再次指明了具身的讨论应限定边界。

第四部分，一个综合的讨论，辨析边界条件、辩明基本属性，在对立与互释中追问中重新理解具身的意涵。基于具身认知过程中多因素的同构共生，提出最大通达性原则。具身认知的边界条件是多边的、多样的，但并非隔离的。他们同构共生，共同塑造着特定具身认知模式的可得性、可用性、适用性、流畅性，综合地体现为具身认知模式的通达程度。在特定的认知情境中，只有显著性刺激激活的、具有最大通达程度的具身模式才能显现出相应的具身效应。

具身认知的多种边界条件之间、具身与离身认知之间是同构共生的，但这并不意味着要融合化一。一个合适的可行的研究立场、学术态度应该是：对立而又互释。应以探究边界条件为理论研究的焦点，既保持各自理论品格，又打破理论壁垒以实现知识互惠，从而提升理论生命力、理论创造力、现实解释力。

最后，由基础研究走向应用、走向教育，反思"身体＋"或"具身＋"（如，具身德育等）的边界"僭越"，提出身体在何种意义上回归教育，以及如何回归教育的问题。这是一个有待深入研究的开放性问题。也许具身认知对教育的启示，不仅仅是生成知识论等知识观或课程论变革，还应在教学论及教学实践的层面去探索如何在现象教学中打开知识可能性、提升价值可供性。

目 录

第一部分 迷失的边界：泛化的具身认知及其批判性省思

第一章 日益泛化的具身认知 ········· 3
　　第一节 认知心理学中的身体 ········· 4
　　第二节 泛化的具身认知 ········· 10

第二章 泛化困境的批判性反思 ········· 17
　　第一节 泛化的困境 ········· 17
　　第二节 超越泛化困境：探究基本属性与边界条件 ········· 21

第二部分 具身效应的基本属性与边界条件分析

第三章 物理生理属性与边界条件 ········· 31
　　第一节 具身认知与物理生理身体 ········· 31
　　第二节 何以探究物理生理属性 ········· 35
　　第三节 物理生理属性 ········· 37
　　第四节 物理生理属性的基本特征 ········· 44
　　第五节 从物理生理属性到边界条件 ········· 46

第四章 具身认知的年龄特征与边界条件 ………… 49
- 第一节 具身认知与发展 ………… 50
- 第二节 何以考察年龄特征 ………… 54
- 第三节 具身认知的年龄特征 ………… 57
- 第四节 具身认知的毕生发展规律及其可塑性 ………… 72
- 第五节 小结：从年龄特征到年龄相关的边界条件 ………… 76

第五章 具身认知的文化差异与边界条件 ………… 79
- 第一节 具身认知与文化 ………… 79
- 第二节 何以探究具身认知的文化差异 ………… 82
- 第三节 区域文化差异 ………… 84
- 第四节 时代文化差异 ………… 94
- 第五节 小结：从文化属性到文化相关的边界条件 ………… 104

第六章 具身认知的个体差异与边界条件 ………… 107
- 第一节 具身认知与个体化 ………… 107
- 第二节 如何考察个体差异 ………… 113
- 第三节 具身风格 ………… 116
- 第四节 具身水平 ………… 122
- 第五节 小结：从个体差异到个体相关的边界条件 ………… 130

第三部分 具身认知的理论限度与解释效度问题考察

第七章 一般化问题 ………… 135
- 第一节 何谓一般化问题 ………… 137
- 第二节 为什么需要一般化 ………… 138
- 第三节 何以一般化及其挑战 ………… 142

第八章　灵活性问题 ····· 150
- 第一节　具身视域内重思灵活性问题 ····· 151
- 第二节　情境之于具身灵活性的双重作用 ····· 155
- 第三节　情境相关的边界条件 ····· 165

第九章　抽象性问题 ····· 168
- 第一节　具身视域内的概念抽象性 ····· 169
- 第二节　抽象性与具身性分殊 ····· 172
- 第三节　抽象性问题的挑战 ····· 176
- 第四节　小结：从认知的基本问题到具身边界条件 ····· 180

第十章　辨析边界条件　辨明基本属性 ····· 182
- 第一节　重思基本属性与边界条件问题，寻求祛魅与新立 ····· 182
- 第二节　基本属性与边界条件的互释 ····· 183
- 第三节　在对立与互释中追问具身本质，实现祛魅与新立 ····· 189

余论：身体在何种意义上回归教育以及如何回归教育 ····· 191
- 一、具身认知理论思潮确为教育研究提供了新空间 ····· 192
- 二、有必要开展教育语境中具身性研究的批判性省思 ····· 193
- 三、有必要进一步聚焦教育语境中具身效应的发生条件与解释效度问题 ····· 194
- 四、基于最大通达性原则开展教育场域中的可供性问题研究 ····· 194
- 五、提倡用"现象"教学打造真实学习体验 ····· 195

参考文献 ····· 197

第一部分

迷失的边界：
泛化的具身认知及其批判性省思

在具身认知领域，关键的问题已不再是认知是否具身，而是在什么程度上或范围内认知是具身的，以及具身是如何实现的，是否不止一种具身方式，是否有着程度的差异等。这可以归结为具身认知的基本属性与边界条件问题。

第一章　日益泛化的具身认知

综观当前具身认知研究，日益泛化的具身认知解读正逐步超出其应有的边界，近乎形成了一种具身性幻象，不利于学界对具身认知本质的把握。从传统所谓离身认知到当前具身认知，认知心理学界对于身体及体验的关注从一个极端几近到另一个极端。由具身心智到具身认知，具身理论已从哲学式思辨走向科学化实验，随之而来的研究视域的拓展、研究内容的丰富、研究方法的变革等等一系列新进展，已促其涉及社会认知、自我、人格、态度、决策等心理学研究的广泛领域，形成了具身研究热潮。在心理学可能的一体化进程中，在提升心理学研究生态效度方面，在突破二元论基础的传统认知心理学困境方面，在身心问题、他心问题、意义获得问题、意识难问题等方面，具身理论都被寄予厚望，被视作一种理论的可能、方法的可能。越来越多的对具身的研究正逐步超出理性解读的范围、超出应有的边界，而产生一种泛化的具身解读倾向。然而，夸大具身性或过度解释具身，如同忽视身体的离身认知研究一样，会阻碍学界对具身认知本质的把握。究其原因，具身认知研究虽然确证了认知的具身性，但还并不了解它，对如何具身、具身是否变化等问题的把握并不像部分研究者所认为的那样全面。一个合理的学术取向不应是仅仅叙说、泛泛论述认知是具身的，更应该知道认知是如何具身的。进而言之，在具身认知领域，关键的问题已不再是认知是否具身，而是在什么程度上或范围内认知是具身的，以及具身是如何实现的，是否不止一种具身方式，是否有着程度的差异等。

这可以归结为具身认知的基本属性与边界条件问题。

可以认为，迷失的边界及泛化困境暴露出部分具身研究者或学界对具身认知基本属性与边界条件问题把握的不足。这应当成为未来研究需要解决的主要问题、核心问题、关键问题、根本问题。针对这一问题，有必要探究认知何以能具身，探究具身方式、具身程度差异等，从而祛除泛化具身的魅惑，重新定位具身认知，也即实现祛魅与新立。

第一节　认知心理学中的身体

有效或有意义的论述当前"泛化的具身认知"，有必要首先从学科发展史的视角分段考察、综述身体在认知心理学中的历史境遇，以对比、理清具身认知中所谓"身"的概念、角色或作用等。这为理解何以言泛化、何以不能泛化等问题奠定基础。

从20世纪50年代的认知革命到现今的具身认知热潮，有学者根据各认知理论对身体关注程度的不同，把认知发展史分为离身认知与具身认知两大阶段，分别象征所谓的第一代、第二代认知科学。这样的分法明确了两大阶段身体观的差异，却容易造成这样一种误读，即，误认为传统的第一代认知研究是无身的（离身被夸大为无身），而现在的具身常被理论研究者过度解释或随意赋予具身性内涵。正确的理解，有待于重新审视认知科学发展过程中核心观念的演变以厘定相应的身体观。

根据核心理念取向的不同，从第一代到第二代认知研究，认知心理学先后经历了认知主义、联结主义、具身思潮等三种典型研究范式阶段，而各范式所内含的身体也不尽相同。

其一，计算机隐喻为基础的符号—认知主义中的身体。符号—认知主义产生于20世纪50年代认知革命之初，受其时代精神——追求普遍理性（如分析哲学的客观主义、逻辑实证论，笛卡尔的心智表征论，霍布斯的计算主义等①）影响，以可计算、符号表征为核心观念②，认为认知就是运用理性规则、程序与算法操作表征符号。持该类观点的学者主张把人的认知过程类比为计算机的信息加工过程，包括符号信息输入、脑内符号表征加工或计算、加工后的符号信息输出三个阶段。这样的理解把认知限定在了脑内，而包括脑在内的身体则仅仅是认知的"硬件"或载体。该种解读下，身体并不会影响到认知的符号表征与计算本质。但这种对认知的解读并不意味着身体不影响认知，更不意味着该种解读无视身体的影响。它视认知过程为信息加工的三阶段就已表明，其至少在输入信息与承接信息指令两阶段是承认身体的作用的。它认同身体作为载体或信息感受者或执行者影响认知，只是弱化了该层面的研究。即，由于注重探究单纯信息加工过程或程序而相应地弱化了包括身体在内的信息源或信息内容，对身体及其感受器官的信息与其他符号表征的信息未作详细区分。进一步而言，这里的身体是一种客观性身体，是等同于其他可供认知过程运作于其上的物理实体，身体的作用也近似于其他物理实体，仅是认知的承载者，因而也是可被替代的。同时，由于身体的生理感觉运动器官对信息的输入与输出产生作用，这里的身体也是认知之因或果的一部分。从认知事件发生的时间进程上来看，这里的身体作用于认知的起始或结束阶段，在整个认知过程中是一种历时性的存在。简言之，在以计算机隐喻为基础的符号—认知主义对认知的解读中，身体不影响认知的本质，但认知并非无身的。身体作为一种客观性、历时性存在，既是认知的载体，又对认知起到因果作用。或者说，这里是将身体作为一种因果因素与载体因素考察的，并非完全无视身体。

其二，神经网络隐喻为基础的网络—联结主义中的身体。一方面，联结主义不接受符号认知主义视认知为简单、抽象的符号表征运算观点，而

---

① 李其维."认知革命"与"第二代认知科学"刍议[J]. 心理学报，2008，40（12）：1306-1327.
② 葛鲁嘉. 认知心理学研究范式的演变[J]. 国外社会科学，1995（10）：63-66.

以认知网络、分布表征、并行加工等为核心理念①，以人的神经网络系统为理论隐喻基础。从而，把认知过程解释为一个完整的认知网络结构化活动，并试图建构类似于神经网络的认知结构模型。一般而言，联结主义者认为认知表征分布于一个完整的认知网络。该认知网络一般由输入层、隐含层、输出层组成，每一层由具有活性（兴奋或抑制）的类似于神经元的单元节点构成，而各层之间的节点则正负加权联结、并行加工②。相应的，一个完整的认知过程就是由输入层初始的刺激输入进而引起各层节点间加权激活与扩散活动。这样的理解把认知限定为某种认知网络内的整体活动，这就把身体的作用排除在认知发生的核心过程之外。简言之，这种解读下，承载该认知网络的身体依然不被认为是足以影响认知本质的存在。但相比于符号认知主义的计算机隐喻，联结主义基于脑神经网络隐喻来理解认知的发生发展过程，试图建立更贴近真实的认知系统，在某种程度上可以被视为是对身体至少是对脑的回归。换言之，联结主义的解读下，身体（主要指脑神经网络）虽然不直接影响认知过程的发生发展，但却影响着联结主义者对认知过程的解读（对脑神经网络的理解影响着对认知发生发展过程的解读、描述）。可以认为，在理论呈现或理论描述方面，联结主义是观照身体的。

另一方面，联结主义承继了符号认知主义的部分核心观点：计算与表征。二者都认同认知是可计算的，认知的内部状态是表征的，仅在计算的算法规则、表征方式方面存在差异（前者倾向于分布表征、并行加工，后者倾向于符号表征、串行加工）。同时，二者均受功能主义的影响，重视认知功能的实现而相对忽略实现功能过程中的载体结构。③ 这直接导致了多重可实现原则、可分离原则④，即同一认知过程可以在不同物理实体上实现，认知可与其载体分离。这意味着人的认知过程是可以与身体分离的、是可

---

① 葛鲁嘉. 认知心理学研究范式的演变 [J]. 国外社会科学，1995（10）：63-66.
② [美] 劳伦斯·夏皮罗. 具身认知 [M]. 李恒威，董达，译. 北京：华夏出版社，2014.
③ 叶浩生. "具身"涵义的理论辨析 [J]. 心理学报，2014，46（07）：1032-1042.
④ 叶浩生. "具身"涵义的理论辨析 [J]. 心理学报，2014，46（07）：1032-1042.

以通过其他认知载体得以实现的。即，认知仅表现在身体上但并不依赖于身体。在这种解读下，可以粗略认为，联结主义中的身体与前述符号认知主义中的身体是极为相近的，即身体是作为客观身体存在的，身体更倾向于是认知的载体及因果因素。综观之，联结主义中的身体是以两种不同的方式存在的：在理论呈现或理论描述方面是观照身体的；而在理论内容（对认知本质的理解）方面，又是有着离身倾向的。

综观之，第一代认知科学研究中的认知主义与联结主义可以被视为关于认知或心智的计算—表征观，是对认知的一种离身解读或认识，但不能把这种离身夸大、误读为无身。一方面，计算—表征观视角下的多重可实现原则与可分离原则仅仅强调认知与身体是可分离的，并未强调认知是可独立于或说无身体的。另一方面，上述计算—表征观解读中的身体是一种客观身体，被认为是可被其他物理实体替代的，但这并不表明其排斥身体，也不能说明其拒绝认同身体的载体作用。同时，计算—表征观对认知的解读重视认知的内部加工过程，但并非不考察身体，仅仅是相对弱化身体的影响。这里身体作为信息或刺激的感受器与效应器，是被视作为一种因果因素来考察的。从一个完整的认知过程的时间进程上或时间尺度上看，这里的身体作用于认知过程的起始或结束两端，是作为一种历时性的身体而存在的。简言之，离身的计算—表征认知观并非不关注身体，身体作为一种载体或因果因素被考察，避免简单误读为无身。

其三，以动力系统隐喻为代表的具身认知思潮中的身体，也即第二代认知科学中的身体。一般而言，具身理论视角坚持身心一体而非一元[①]，认同身体及其体验在认知过程中的轴枢作用，可粗略描述为身体限制认知特质与范围、分配认知任务、调节认知过程等[②]。但具身视角下各理论的核心

---

① 李其维. "认知革命"与"第二代认知科学"刍议[J]. 心理学报，2008，40（12）：1306-1327.
② 叶浩生. 认知与身体：理论心理学的视角[J]. 心理学报，2013，45（04）：481-488.

概念界定远未一致、各理论的核心假设也远未兼容①，反映出其所持的身体观或身体在其理论中的地位、作用是不一样的。具身理论视角下的身体可能是一种现象学身体，是有着身体体验的活生生的作为主体的身体；也可能是一种物质身体，有着认知功能且作为认知工具或认知系统组成部分的身体。前者体现为生成认知观、情境认知观、隐喻理论等，后者体现为动力系统理论、延展认知观等。

第二代认知科学中的生成认知观、情境认知观、隐喻理论等强调身体体验的作用，身体倾向于是一种现象学身体。具身从最直接的含义上是身体的问题，是身体的涉入，是身体的价值。但是，具身的更深层次的含义是"活动"，是"生成"，是"共生"。这里强调一个有生命体验的活生生的身体，强调身体体验在认知生成过程中的基础性作用。可以认为，这里的身体是一种梅洛·庞蒂现象学意义上的现象身体，是作为认知的主体而存在的身体。身体及其体验也因此不仅仅是认知的载体或因果性因素，而成为认知过程中不可或缺的构成部分。

第二代认知科学中的动力系统理论、延展认知观等超越体验而强调身体之于脑的延展，强调其是作为认知系统的一部分，由此身体不仅仅是一种现象学身体，更倾向于是一种工具化的物质身体。动力系统理论强调认知过程是一个动力系统的运作过程，强调认知活动与环境的耦合，而身体是这一动力系统的必要组成部分②。延展认知则建立在动力系统理论基础上，认为认知不仅超出大脑延展至身体，而且可以超出身体延展至工具、环境。换言之，身体、环境与脑一样，承担了认知任务，是认知系统的一部分，是一种具有认知功能的认知工具。这样的解读下，身体不仅仅是一个有着生命体验的活生生的身体，而且超出生命限制拓展至具有认知功能能够承担认知任务的物质性身体或实体。这里的身体虽然同计算表征观解

---

① 陈巍. 具身认知运动的批判性审思与清理[J]. 南京师大学报（社会科学版），2017（04）：118-125.

② 张博，葛鲁嘉. 温和的具身认知：认知科学研究新进路[J]. 华侨大学学报（哲学社会科学版），2017（01）：19-28.

读下的客观身体一样承认物理实体一面的身体，但并不一致。这里的身体是涵括了现象学身体并超越现象身体之后，以有生命身体为中心向外拓展至无生命实体。换言之，这里的无生命实体不仅仅是作为身体认知工具的拓展，其必须有一个现象身体的基础，必须与有体验能力的身体相结合才能认为它是具有认知能力的。简言之，这里的身体超越了一般意义上的生命身体限制，而拓展至生命身体核心的外部工具，身体的作用在于认知功能的实现，是一种以现象身体为基础的工具化了的身体。

综观之，第二代认知科学中，具身理论视角下的身体既是认知的载体又是构成认知的主体，既是认知过程的因果因素又是认知过程的结构性因素。从认知发生的时间进程上看，这里的身体作用于认知过程的全部，时刻或即时性影响着认知，是作为一种共时性的身体而存在的。这种视角下对认知的解读是一种具身的，但不可夸大为全身的，或言：这种具身性并不必然排斥传统认知科学中的计算—表征观。根据对表征容忍程度的不同，具身认知可以粗略划分为温和的、激进的两种进路。温和具身观承认表征的作用，仅仅是重新思考身体的作用而拓展传统认知科学的理论，激进的具身观则主张放弃表征观念，以动力系统论等取代符号计算表征。这里的差异在某种程度上表明，身体及其体验仍有被取代的可能，一个具有体验能力的有机体也许可以替代人的身体。这就涉及对于体验的不同理解。若把体验仅仅解释为一种经历后的记忆，则可能被取代；若把体验解释为一种经历、记忆与内在的综合觉解，则难以被替代。因此，对于具身认知中的身体观，对于身体体验的理解是关键，避免将具身夸大解读。

纵观认知科学中的身体观念史，与计算—表征观解读下的第一代认知研究相比，二者的殊异并不在于"身体"本身有没有卷入认知情境，而是两者分别区分不同解释水平的身体状态，赋予身体在认知情境中以不同的角色。从被认知的身体到身体认知，身体在认知科学发展中的历史境遇是不一致的，可以大致概括为：从肉体到身体，从客观身体到现象身体，从认知容器、载体、线索到认知主体、认知功能，从历时性身体到共时性身体。可以认为，在认知科学发展史中，从第一代到第二代认知科学，各种理论学说都有对身体的关注，仅仅是关注重点的不同、考察方式的不同、解释水平的不同。仅就身体的作用而言，其不仅仅是认知中的一环，不仅是因果作用的因或果，还直接构成认知表征、直接生成认知本身。这种学科发展史的视角考察身体在认知心理学中的历史境遇，在理清具身认知中所谓"身"的概念、角色或作用的同时，为阐述、解读、把握当前泛化的具身认知提供了理解的前提。

第二节　泛化的具身认知

综观国内外具身研究文献，从计算—表征为基础的离身认知研究到动力系统理论为基础的具身认知思潮（也即第二代认知科学），当前认知心理学界对于身体的关注从一个无身极端几近到另一个极端。正如部分学者所言，"身体的物性维度获得了极度强化，而其灵性维度被逐步抛弃"[①]。以具身理论为代表的所谓第二代认知科学革命对于身体、体验的着重关注及其带来的研究视域的拓展、研究内容的丰富、研究方法的变革等等一系列新进展，为认知心理学克服传统认知理论困境提供了可能。同时也被其他心理学研究领域寄予厚望，被视作解决难题的一种理论可能、方法可能。在当前学术研究中，这种具身认知转向使得认知研究似乎必须超越传统的西方认识论基础的离身认知。[②] 这种对身体的极度关注、对具身解释或解读的普遍应用正逐步超出理性解读的范围而产生一种泛化的具身解读倾向。然而，夸大具身性或过度解释具身性，如同忽视身体或离身研究一样，会阻碍对真实具身性认知的把握。具体而言，可以从泛化现象、泛化原因及为什么不足以被泛化等三个视角阐述泛化的具身认知。

逐步泛化的具身认知研究及其现象。从具身理论到相关理论的具身化解读，从具身实验到实验中的具身性因素考察，具身性内容近乎获得了一

[①] 杨大春. 从身体现象学到泛身体哲学 [J]. 社会科学战线，2010（07）：24-30.
[②] Spackman J S, Yanchar S C. Embodied Cognition, Representationalism, and Mechanism: A Review and Analysis [J]. Journal for the Theory of Social Behavior, 2014, 44 (1): 46-79.

种学术话语霸权，充斥于认知心理学的各个领域。综述当前具身认知研究文献，可从三个方面理解。其一，在理论层面，一方面，以涉身认知、生成认知、嵌入式认知、延展认知和情境认知等 4E＋s 运动为代表的具身思潮，从不同视角论述身体、体验（感知觉运动）、身体所处情境等在认知过程中的中枢角色；而隐喻理论、符号知觉理论、动力系统理论等则详述认知是如何具身的。在这个意义上，各种具身理论虽是限定在特定话语体系内的阐述，但多样化或不一致、不兼容的解读已经为泛化的具身理论解读埋下祸根。这种无核心的多样化解读往往导致部分学者把认知中的身体误读为全或无。另一方面，具身理论为认知心理学研究提供了新的理论视角、研究视域或解读方式是无可争辩的事实，但部分理论学者把这种益处夸张或扩大化了。一部分学者在没有对具身理论的适用性进行严格考察的情况下，就任意借用、改造现有其他理论，在很大程度上致使原有理论丧失了其应有的理论品格而被迫具身化。其二，在实证研究层面，一方面，视知觉、温度觉、触觉等低阶感知觉层面的具身性及部分高阶认知（如时空认知）的具身性一再被证实，致使部分研究者把低阶感知的具身性过度解释为高阶认知或认知全过程的具身性。这种不合实际的夸大或过度解读，往往致使部分不明理论前提的研究者盲目效仿或复制验证具身性的相关实验，从而导致进一步的泛化现象。另一方面，具身性的理论优势及其实验验证促使部分研究者认识到了身体性因素在认知心理中的作用，而试图从身体视角展开其研究。因此，很多所谓具身性视角的实验研究在其实验设计、变量控制、结果讨论中都极力融入身体性因素，在很大程度上可能导致并不必然是具身的而强行具身解释，致使一种伪具身解读。其三，在学术话语权层面，具身主题或具身内容的论文量、期刊出版物、会议、课程、百科全书等等，迅速攀升，几乎横扫"这个星球"而形成一种具身的幻象。即，似乎具身的就是受欢迎的，似乎其天然地被赋予一种强有力的话语权，近乎具备了一种学术生机性条件控制的便利地位、学术优势地位等。这进一步致使认知心理学研究产生一种普遍的具身解读倾向，甚至一种具身解读需求，甚或对具身形成一种近乎偏见的偏爱。简言之，这致使具身理论超出其原本的话语体系而被不合实际地泛化运用。为了具身而具身化解读，为了反对或彻底摆脱传统离身认知观而近乎在当前学术文化氛围中形成了具身偏向，超出其应有的理论边界，把具身当成救世主。

具身认知为什么会被泛化？究其原因，可以从具身理论本身的学术优势、认知心理学发展现状、研究者的学术追求等层面解读。其一，具身理论本身的学术优势。一方面，具身性的理论大多是站在传统认知理论的对立面，借鉴生态知觉理论、具身现象学、认知神经科学等多理论、多学科、多种研究方法提出的，是对认知本质更全面的考察，其本身更贴近认知的"真实"过程。另一方面，相较于传统的认知观，具身认知观在多个层面带来了变革，如动力系统理论对计算—表征的挑战，概念隐喻、知觉符号表征对语义表征、抽象符号的挑战等，为解决传统认知研究中的各种难题，如解释鸿沟、他心问题等提供了新的理论可能、方法可能。这都为具身理论赋予一种超越传统认知观的理论优势、学术优势。同时，认知的具身性在不同领域多次得以验证，也在很大程度上坚定了部分研究者的具身信念。这种理论优越性、学术优势及坚定的信念容易导致对具身的过度解读、运用等。其二，认知心理学发展历程与现状。纵观认知心理学发展史，鲜有具实际变革意义的理论创新，而真正创新性的理论解读则容易被误读或过度解读或泛滥运用或拒绝。作为第二代认知科学革命的核心理念，尽管还不能断言具身性理论能否真正带来革命性成果，但其创新价值是不可忽视的。这种鲜见的创新性理论在其产生之初被泛化解读是极为可能的。其三，学者的心态或言治学的态度。部分学者急于获取研究成果而乐于在研究中追踪学术热点，却较少对理论本身、理论前提进行考察。另外，部分学者未能正确把握认知科学进展中的身体观、身体作用等，也是造成具身倾向、泛化解读的潜在因素之一。值得进一步深思的是，多种理论的争锋或讨论也造成这样一种假象：当前具身认知研究已经把握了具身性的全部，已经掌握具身性的基本特点等等。但事实是，具身认知的相关研究只是验证了有具身性的存在，而对于如何具身、具身性的发展变化等并不十分了解。

为什么具身认知及其理论仍不足以被泛化解读？这可以从具身理论自

身的不足、传统认知理论的强解释力、认知本质把握不够等三个层面进行讨论。

首先，具身理论仍是一个具有争议性的解读方式。对于其是否是广泛适用的，学界仍未能给出定论，因此还不足以被泛化解读。其一，各具身理论中的身体及对身体的关注是不同的，这导致具身认知理论很难形成一个统一的概念或一个共享的解释框架，从而影响其理论解释力而不足以、不能够被泛化。例如，上文所言，生成认知观、情境认知等所谓温和具身认知理论视角解读下的身体偏向于一种现象学的身体，重视身体体验在认知生成、认知表征中的作用。而延展认知视角下的身体偏向于是一种物质工具或认知工具化的身体，重视身体在实现认知系统功能中的作用。二者对于表征的包容度、对于认知的生成机制甚至对于认知的本质理解是有很大差异的，很难形成一个综合的解释框架、一个典型的研究范式、一个具有边界约束效力的学科学术规范。其二，具身认知的论证及其实验解释有效性仍是被质疑的，具身解释之外仍有着可供采纳的其他备选解释，而泛化的具身解释也很可能导致伪解释或解释不当。例如，在验证社会认知的具身性的实验中，通常的方式是借用启动效应诱发被试的无意识行动进而探究认知的改变，从而推论出认知的改变源于被诱发了的身体活动等。这里对于启动效应的倚重常致使研究者默认启动效应是不受其他因素干扰的。但有学者则已明确指出，启动效应受实验中其他信息（如观察到的人格特质、眼神接触）的干扰而改变启动的发生[1]。这里就有将启动效应与具身解释相混淆的潜在可能。再如，在解释句意理解与身体感知运动的关系时，通常对动作—句子匹配效应（action-sentence compatibility effect，句意与需要的动作方向相互匹配时被试反应更快）的具身模拟解读已受质疑。句子与动作之间的关系可能仅仅是一种强化了的条件反射，或其他某种潜在联结，因而句意理解的具身模拟解释并非唯一的。简言之，支持具身认知

---

[1] 陈巍. 具身认知运动的批判性审思与清理 [J]. 南京师大学报（社会科学版），2017（04）：118-125.

的验证性实验、被赋予"具身性"内涵的解释远未如具身支持者所描述或想象的那般有效支持认知的具身性，而将这种缺少足够实证支持的概念或理论进行泛化解读是不当的。

其三，具身认知在应用中的理论创新、解释力，特别是应对传统认知理论的挑战或解决诸如抽象概念、意义获得等问题时仍是乏力的，这致使其并不能被广泛推广或泛化解读。例如，运用具身模拟理论理解他心问题时，陈巍认为，被具身理论视为核心基础的相似感知运动系统、自身运动能力并不是理解他心的必要条件。[①] 进一步，还有学者从三个层面论述了具身理论解释力的不足：部分具身假设是不被接受或没有新意的；对于传统认知理论研究中的经典发现，具身理论并不能提供科学而有价值的解释、解读；在很多实验案例中，具身理论与其所述现象并无充分的逻辑联系[②]。例如概念的问题。一般对于概念的具身解释及证据大多是围绕实体概念展开的，而抽象概念（如自由、平等）即使能唤醒情境、情绪经验也不能像实体概念（座子、椅子）那般具有明确的边界、实体或指向性内容，因而很难为其提供一个具有说服力的具身证明或解读。甚而有学者指出单独的具身理论不能被用以解释抽象概念的形成、运用等。[③] 简言之，在应用或实用的层面，在当前缺少足够解释力的情况下，具身理论被随意或泛化用以解释某些认知现象是不得当的。其四，具身认知理论及其假设与传统认知理论并不是绝缘的，也不是完全分离的，不能用具身框架随意代替传统认知理论的解读。例如，隐喻理论、知觉符号理论都承认传统认知中的表征理念，只是表征形式不同，可以把其视为对传统计算—表征观的拓展、补充。而部分明确反对表征观念的激进具身观，也逐步开始寻求与计算表征

---

① 陈巍，张静. 直通他心的"刹车"：五问具身模拟论 [J]. 华东师范大学学报（教育科学版），2015，33（04）：65-71.
② Goldinger S D, Papesh M H, Barnhart A S, et al. The Poverty of Embodied Cognition [J]. Psychonomic Bulletin and Review，2016，23（4）：959-978.
③ Dove G. Beyond Perceptual Symbols：a Call for Representational Pluralism [J]. Cognition，2009，110（3）：412-431.

的整合。① 多元表征的理念就显示出了这种整合的趋向,其明确提出概念的理解需要感知运动与语言两方面的信息。曾有学者指出,具身认知与传统认知理论有着共享的表征观、机制主义等,二者的联系比通常所认为的更为紧密②,因而不能由于具身转向而随意放弃传统认知理论或随意赋予一种具身性的内涵。综言之,具身性仍然是一个很具争论性的论题。这种争论加剧了其"出镜率",更易被运用,而争论本身也决定了其仍不能够被广泛应用。

其次,传统认知观既是关注身体的,也是具备强解释力的,仍不能被全然拒绝或抛弃,更不能随意赋予具身内涵。一方面,单纯从身体的视角审视,如果基于对认知的解读、把握需要关注身体这样一种观点去判断一个认知理论是否具备足够的解释力,那么传统认知仍是有效力的。前述认知科学发展中的身体境遇已明确出传统的认知理论是关注身体的,其中的身体是以客观身体而存在的,起着载体或因果作用。简言之,其承认身体影响认知,认知也影响身体状态。③ 另一方面,单纯从传统认知的核心理念计算—表征观来审视,其仍然是适用的、具强解释力的。有学者在多个情境中,重新评估表征概念在当代认知科学中是否依然具有好的解释作用。他们发现,表征在联结内部信息或内外部世界交互过程中仍是有价值的,而表征的解释功能也并未被生成认知或其他激进具身理论所取代④。同时,传统认知观的部分理念或核心观念是可以兼容于某些具身理论的。例如,有学者指出传统心智观是可以兼容于镜像神经元(被视为具身理论的生物

---

① 陈巍,张静. 直通他心的"刹车":五问具身模拟论 [J]. 华东师范大学学报(教育科学版), 2015, 33 (04): 65-71.
② Spackman J S, Yanchar S C. Embodied Cognition, Representationalism, and Mechanism: A Review and Analysis [J]. Journal for the Theory of Social Behaviour, 2014, 44 (1): 46-79.
③ Goldinger S D, Papesh M H, Barnhart A S, et al. The Poverty of Embodied Cognition [J]. Psychonomic Bulletin & Review, 2016, 23 (4): 959-978.
④ Clowes R W, Mendonça D. Representation Redux: Is there still a useful role for representation to play in the context of embodied, dynamicist and situated theories of mind? [J]. New Ideas in Psychology, 2014, 40.

学基础）的经典解释的①，这足见传统认知观的兼容性、解释力等。可以认为，传统认知理论并没有因具身理论的出现而丧失其解释能力，不能因为具身理论而被抛弃。

最后，更为重要的是，不能泛化运用具身理论或盲目赋予一切认知现象以具身性内涵的关键还在于，部分具身认知研究者对于认知本质的理解还不够全面。就当前的发展趋势而言，一种整合传统认知与具身理论的多元解读方式、一种对立且互释的学术倾向也许是全面把握认知本质的一种有益方式。在某种程度上，以计算——表征为核心的传统认知观与具身认知也许分别对应于认知过程的不同阶段、不同层面，这就需要在不同阶段、不同层面有针对性地选择不同解读方式或联合使用多种解读方式等。这也许是未来的方向。而当前可以明确的是，随意泛化具身或过度赋予具身性内涵如同无身的解读一样，都会妨碍对真正具身性的把握与理解。

---

① 陈巍，张静. 直通他心的"刹车"：五问具身模拟论 [J]. 华东师范大学学报（教育科学版），2015，33（04）：65-71.

第二章　泛化困境的批判性反思

第一节　泛化的困境

如上所述，具身理论被随意泛化以及一些理论、现象被随意赋予具身性内涵就容易形成一种具身的幻象，迷失具身边界。这如同非具身一样，阻碍对认知本质的真正解读。综观当前研究，这可以从下述几个方面理解。其一，理论的层面，泛化的具身既可能导致部分学者较少反思具身认知的理论前提而盲目抑制或放弃传统认知理论，忽视传统认知理论的解释效力；又可能因随意赋予认知现象、认知理论以具身性内涵，而丧失其原有的理论品格。其二，实证的层面，理论预设的具身化倾向既可能导致部分研究者因致力于验证预设而降低实验效度；又可能因故步于具身视域而导致过度解读、解释不当。其三，学科发展的层面，泛化的具身性解读现象及其造成的具身"幻象"使得具身理论因获得了更多的话语权而处于一种不当的学术优势地位。这不仅不符合多元、开放、包容的学术理念，也可能因此阻碍视域拓展而丧失了其他理论创新的可能。综言之，被视为可能统一心理学的具身理论被过度解释或随意运用时，不仅可能使其心理似然性、神经似然性（即符合真实心理过程、神经生理过程的可能性或契合度）等受到质疑，反而还可能造成更严重的内部分化甚至分裂。

进言之，结合当前相关研究文献，这里针对既是泛化原因又会造成进一步泛化困境的几个问题进行讨论反思。

一、具身理论的核心概念并不像多数文章中描述的那般一致、明确。泛化的具身或具身倾向虽然有共识，但核心概念甚至理念仍难以同一，理论假设的相互兼容也仍难以实现。例如，陈巍就曾在其《具身认知运动的批判性审思与清理》一文中详述核心理念的相互兼容问题。[1] 核心理念的差异使得不同领域的具身认知研究者无法对其他领域的研究成果作出合理的判断，也因此加深了学科间的知识壁垒、减少了学科间知识互惠的可能。

二、泛化的解读以及跨学科的名义掩盖了知识互惠的不足、术语的混用，致使当前研究中缺少一种理论互释视角的思考。一方面，具身认知的产生虽有着多学科共同推进的基础，但各学科对于身体、对于具身性的认识是有很大差异的。当前研究虽有跨学科之名，却鲜见差异基础上的整体把握，鲜见真正跨学科的知识互惠。例如，常见有研究团队由多个领域的学者组成，但从其研究结果而言，多是各持己见从各个立场出发独自解读的组合而非统合或综合。另一方面，泛化的解读导致了边界的模糊因而产生术语混用。例如，具身心智与具身认知，二者虽可相互借鉴，但却分别有着心智哲学、认知科学等不同的语境基础，而在研究中常有随意替换、混用的现象。同时，较少的知识互惠、常见的术语混用在很大程度上致使各理论之间，特别是离身与具身两大取向间，缺少一种理论互释。就如部分学者所言，对具身性越来越多地强调错误的导向这样一种理解：身体及其所处世界的心理角色要求拒斥计算—表征理解。[2] 进一步而言，各理论虽有相应的实证支持，但也都有解释力、解释水平的不足。一种在理论之前致力于问题本身的，或前理论视角（不预设理论假设）的互释考察，也许更有益于对认知本质的理解。

三、泛化的解读容易导致一味追求普遍性意义的考察，即仅仅论述身

---

[1] 陈巍. 具身认知运动的批判性审思与清理 [J]. 南京师大学报（社会科学版），2017（04）：118-125.

[2] [加] 保罗·萨伽德. 心智：认知科学导论 [M]. 朱菁，陈梦雅，译. 上海：上海辞书出版社，2012.

体、体验、情境等普遍意义上的重要性，而缺少文化差异、性别差异、年龄差异或其他个体差异层面的考察。例如，常见有学者验证身体与认知的交互影响效应，而鲜有学者深入探究因身体差异（如躯体反应快慢差异）而带来的认知效果差异。这样的考察也许可以帮助学界确证认知的具身性，却不能真正把握具身认知的基本属性、具身化的边界条件、具身本质。

四、泛化的解读还导致这样一种情况：对体验的研究简单化，甚或直接降格为肢体的感知觉运动。[①] 例如，常有实验设计阶段把身体体验降格为感知运动，而在实验解释或讨论中又过度解释为体验的现象。从这个层面而言，当前的具身认知研究并不是成功的。体验虽然有躯体感知觉运动的基础，但更多的是一种包含个体心理成长、文化观念的主观综合。将其简单抽离、降格为简单的肢体感知运动虽然方便了研究，也方便了阐述与解释，但难以回归真实体验，也难以真正回归心理生活本身。而这正是具身认知理念之所以不同于传统认知的关键原因之一。同时，一个值得反思的问题是，体验的生成与积累必然要依靠感知动力系统吗？导致具身认知发生的，很可能并不是身体感知运动系统本身的状态或属性，也许是对这些感知动作进行的思维加工或重新阐释。这就涉及文化教育、个人经验等因素了。进一步而言，对于这一问题的考察不仅涉及个体心理成长、文化观念等，更涉及心理学领域中生理与心理的关系问题、科学与人文的关系问题等基础的理论问题。

五、泛化的具身解读并未处理好科学与人文的关系问题、科学理论研究与现实生活解读的关系问题。就前者而言，具身认知兴起的过程中，是有着对东方人文智慧的参考与借鉴的，如体证方法、体知认识、体验阐释，如生成认知对佛教中道观的阐述等等。而在具身性验证或具身视角下的实验研究中，严格的自然科学方法又是主流。这样，如何科学地处理科学主义方法与人文主义方法在具身认知研究中的关系，就成为具体研究之前需

---

① Barsalou L W. On Staying Grounded and Avoiding Quixotic Dead Ends [J]. Psychonomic Bulletin & Review, 2016, 23 (4): 1-21.

要关注或思考的内容之一。从方法的视角看，科学主义与人文主义、科学方法与人文方法之间既有着明确的区分界线又有着紧密联系，二者之间不是敌对的关系但也不能任意混用，科学的方法与人文的阐释有效结合也许是未来方向。由此回视当前的研究，泛化的具身倾向及其对抽象表征观念的反叛易给人这样一种误解，似乎追求普遍抽象理性形式与具身认知是冲突的。这在很大程度上就源于混淆了具身认知的科学理论研究与现实生活化解读的不同要求。这也许需要重新梳理科学理论研究与现实生活解读的关系。理论的论述以及科学成果的拓展等都需要普遍抽象的理性形式，而只有当解决问题、当面向生活、面向活生生的心理问题时，才需要将生活抑或感性抑或个性融入进去。生活的阐释、实际问题的解决应该与科学研究分开来述，二者并不是一个论域。对于具身认知理论的学术取向尤其需要前提性地审视这一问题。

综述当前研究文献可以发现日益迷失的具身边界或泛化具身现象，而泛化及其带来的困境，一个综合的原因，可能是未能正确把握具身认知的基本属性及其边界条件。这应当成为未来研究需要解决的主要问题、核心问题、关键问题、根本问题。泛化的解读造成一种假象：认知一定是具身的，具身性也已被研究者全面把握，故而不需要反思其理论前提。而事实上，研究者还仍只是验证了认知的具身性，而对于具身何以发生，具身是否有程度差异、方式差异等并不尽然知晓，这可以归结基本属性与边界条件问题。例如，对于具身性是否有年龄特征、性别特征、文化差异，是否任务依赖，是否程度差异等，并未明确。这种假象既是泛化的原因，也是泛化带来的困境。可以认为，日益泛化的具身解读使得具身认知超出了其本应有的边界，而陷入停滞不前的困境。由此，具身的基本属性与边界条件问题应成为进一步推进具身理论的必要维度。换言之，未来的具身研究，有必要探究具身认知的基本属性与边界条件以祛除泛化魅惑、打破具身幻象，从而重新定位具身，重塑具身、离身关系等。

第二节　超越泛化困境：探究基本属性与边界条件

面对泛化的具身及其困境，需要追问、反思具身认知的基本属性与边界条件问题，从而祛除泛化具身的困境与魅惑，重新定位具身（也就是所谓的祛魅与新立）。这要求前提性地反思、追问具身认知何以可能、如何发展、是否有程度或模式差异。其有利于提升具身认知理论的现实解释力、学术生命力、学术创造力，已然成为推进具身研究需要解决的核心问题、关键问题、根本问题。

何以要研究具身认知的基本属性与边界条件问题？

其一，针对当前研究中日益迷失的具身边界问题，为避免具身认知的进一步泛化以解决当前困境，这需要更好地把握具身、把握其基本属性与边界条件。由上述泛化的具身及其困境可知，对具身性越来越多的强调正逐步超出理性范围、应有边界而形成泛化具身的倾向，例如，随意赋予认知现象以具身性内涵。这近乎形成了一种具身的幻象，如同无视身体一样，将会阻碍对认知本质的解读、把握。一个综合的原因是，当前的具身认知研究者仍未能全然把握具身认知的基本属性，并不像部分文章中宣扬的那般了解具身认知的基本特点、基本性质、边界条件等。换言之，当前具身认知研究仅仅是验证了认知的具身性，却并不全然了解认知何以具身、如何具身等问题。正如有学者所认为的那样，当前对具身认知基本性质的模糊理解使得它难以被有效运用，也难以推进其理论进展[①]。由此而言，避免具身认知的盲目泛化就需要理清具身认知的基本属性与边界条件。

其二，具身认知是定域性的，定域就意味着边界。这关乎对具身本质的理解，有必要更为深入地展开讨论。具身认知本身并不是无条件的、任

---

① Costello M C, Bloesch E K. Are Older Adults Less Embodied? A Review of Age Effects through the Lens of Embodied Cognition [J]. Frontiers in Psychology, 2017, 8 (657508): 267.

意范围内的随意发生，具身效应的生成也有着一系列的边界要求。已有实验实证了这种边界条件的存在。一方面，已有实验证实了个体间异质性的具身效应[1]，这指明了具身方式是灵活可变的、有差异的，而这种可变的、差异的形成就在于相对边界条件的满足与否。另一方面，最近的研究也表明，感知运动信息在语言理解期间是以灵活的方式被调用的。语言理解是否调用、又是如何调用感知运动系统取决于语言理解、认知任务与情境等。[2] 这也就意味着认知并不一定调用感知运动系统，也即认知并非一定是具身的。这种认知具身效应时有时无的变化恰恰说明，确实存在一个边界，存在边界条件。由此而言，具身认知有着定域性要求，有着边界条件。其决定着具身认知是否发生、如何发生，关乎对具身认知的深层次理解，因而有必要对此展开研究。

其三，在学科发展层面，当前对具身认知基本属性与边界条件问题的研究，还远远不足以形成对具身认知本质的理解。一方面，综述当前研究文献发现，部分文章仅是泛泛而谈认知的具身性、生成性、延展性、系统性、情境性等，直接就理论而言理论，而缺少一种前理论（不预设理论假设，直面问题）视角的考察。例如，当前认知研究讨论的核心——概念具身性问题，常见的研究程式是直接预设一个离身（计算—表征观）或具身的理论前提而力证其理论预设，却鲜有在预设离身或具身理论之前直接就概念问题本身（概念的一般化问题、灵活性问题、抽象性问题）的探讨。先验的理论预设很难保证一个相对中立的研究立场，而前理论视角下直面问题本身则更能直接把握认知的本质特征。由此，理论预设之前，在直面问题的视角下考察具身认知的属性问题，成为一个必要的研究取向。另一方面，具身认知研究虽已屡见不鲜，但却鲜有针对身体变量的相关属性而差异化探究身体之于认知影响的研究。例如，生理的身体是有着年龄特征、

---

① O'Brien E, Ellsworth P C. More than Skin Deep: visceral states are not projected onto dissimilar others [J]. Psychological Science, 2012, 23 (4): 391-396.

② Dam W O, Brazil I A, Bekkering H, et al. Flexibility in Embodied Language Processing: Context Effects in Lexical Access [J]. Topics in Cognitive Science, 2014, 6 (3): 407-424.

性别特征的，社会属性的身体有着历史文化特征，但当前却鲜见跨年龄、跨文化维度下的对比研究。

综言之，在具身研究中，不能仅仅叙说、仅仅论述认知是具身的，更应该反思、追问认知是如何具身的，具身又是否有方式差异、是否有程度差异等①。由此，具身认知的基本属性与边界条件问题已成为当前具身认知理论需要着重探究的关键问题之一。

那么，如何展开研究？

首先，明确何谓基本属性、边界条件及二者关系，明确研究的主要取向。

所谓基本属性，这里主要指具身认知的基本特征、特点，反映的是认知过程中影响具身化程度、具身方式的那部分因素。可以认为，考察基本属性问题，就是要明确影响具身方式、程度的关键性因素。

所谓边界条件，主要指产生具身效应或生成具身认知应该满足的条件。边界条件的考察并非要确立某一个具体的数值作为边界。这里的边界本身并非如数学函数边界那样是一个具体的数值，它只是要表明具身有着边界范围，只是要指明影响边界、左右变化的因素。它意在指出，对于具身认知的探究需要从这些因素出发，以更精确地或定域性地去探讨具身。可以认为，考察边界条件问题，既要树立边界意识以祛除泛化的魅惑、困境，也即祛魅；又要基于边界条件而重新定位具身，也即新立。

就二者的关系而言，通过基本属性的考察能够发现边界、辨析边界条件，而反过来又可以通过辨析边界条件进一步辨明具身认知的基本属性或言本质。需要说明的是，此处的边界条件虽看似与"认知标志"②"延展心灵"③等有着相近的论题、论域，但却是完全不同的问题。"认知标志""延

---

① Dove G. How to Go beyond the Body: an introduction [J]. 2015, 6 (660): 1-3.
② [美] 弗雷德里克·亚当斯, 肯尼斯·埃扎瓦. 认知的边界 [M]. 黄侃, 译. 杭州: 浙江大学出版社, 2013.
③ 刘晓力. 延展认知与延展心灵论辨析 [J]. 中国社会科学, 2010 (01): 48-57+222.

展心灵"指向的是认知是否发生、在何处发生的问题；而此处，具身边界的讨论倾向则在于具身是否发生，又以何种方式在何种程度上发生的问题，直接把讨论限定在了具身视域内。进言之，具身认知以何种方式、在何种程度上发生的问题，意味着需要探究具身认知在程度、方式两个层面或两个方向上的变化，这将是探究具身基本属性与边界条件的主要着力点。由此，一个综合的表述是，围绕基本属性探究具身认知在方式、程度两方面的变化，从而界定边界。可以认为，这将是研究的主要取向，意在明确基本属性与边界条件，从而祛除泛化困境、重新定位具身，也即祛魅与新立（祛魅是针对泛化问题而言的，而新立是基于基本属性与边界条件而达成的）。

其次，应明确探究的维度、方向、程式顺序。具身认知关涉身体与认知两个维度，由此，对于具身认知基本属性与边界条件的把握有必要分别从身体、认知两个维度递进展开。

关于身体维度。身体维度是具身认知理论的题中应有之义，可以从具身认知的理论特征与身体本身的属性特征来确定身体维度的内容取向。

从身体维度探究具身认知的基本属性与边界条件是具身认知理论的题中应有之义。具身认知理论对身体的强调本就意味着身体性维度的需要，这可以从具身认知理论的基本核心概念进行理解。具身认知理论虽各有倾向，但一个普遍的共识性的或言根本性的主张明确指出，认知是身体的认知。其根植于身体、环境及二者的互动之中，是具身的、情境的、系统的、生成的认知。以身体为核心视角去阐释，身体的物理生理状态与结构、身体的感知运动能力与方式以及身体的感知觉运动体验与经验等提供了直接的认知内容，决定了认知加工或生成过程进行的方式和步骤，也直接构成认知本身。可以认为，认知是由身体及其感知运动直接塑造生成的。这意味着，身体在认知的生成中起着枢轴的作用而具有一定的决定性意义，一定程度上左右着个体如何具身地认知世界。而身体，是个体化的身体，是变化的有着个体间差异的身体，这将影响具身的过程、认知的生成。简言之，身体有着决定性的作用，有关身体的属性、变异等将影响具身认知的发生发展。这就需要从身体的各种属性或变量入手去考察其对具身认知发生发展的影响，也有必要由此思考具身的基本属性问题、边界条件问题等。

从具身认知的理论特征与身体本身的属性特征两方面确定身体维度的考察范围。在具身认知理论特征方面，具身认知的生成性、系统性、情境性本就意味着将认知放置在以身体活动为中心的环境情境中、文化历史中、意义中、变化更替中，指明了探究的维度。（1）由生成性联系到发展。生成性意味着发展变化，而人又是毕生发展的，发展视角成为一个必要的维度。（2）由情境性联系到文化的视角。文化是情境的一部分，也提供了认知的特定场域。（3）由系统性联系到个体化视角，个体是一个完整的系统性整体，是各影响因素作用的综合体现。由此，发展的、文化的、个体化的视角应当作为三个研究的维度。进一步，在身体本身的属性特征方面，身体有着各种属性，且各属性的获得或赋予是有先后顺序的。首先，身体是有着先天的物理生理基础的，也即物理生理属性；其次，先天物理生理的身体还是会发展变化的，也即毕生发展，也就有着年龄特征、年龄属性；再次，先天身体还会为后天文化所塑造，是历史的文化的身体，也就有着文化差异、文化属性；最后，身体本身还是一个综合的个体化的发展，也就有着个体化属性。可以认为，身体既有不变的物理生理基础，又是毕生发展变化的，还是受文化教化与规训的，同时又有着殊异的综合而个体化发展。因此身体维度有必要从这四个方面展开。

进一步，有必要明确研究的顺序。基于上述所言身体属性的赋予顺序可知，身体首先是物理生理的、发展的，其次才是文化的历史的，最后才可能是个体化的。由此，对于身体维度层面，一个较为合理的论述顺序是：（1）从物理生理的身体出发，探究最为基础的相对一致的物理生理属性以为后续边界条件的探究提供一个对比的基质、基础；（2）进而探究物理生理的发展变化，探究特定年龄段内相对一致、变异较少的毕生发展规律与年龄特征，理出年龄相关的边界条件；（3）在二者的基础上，再探究具身认知的义化差异，辨析文化相关的具身边界；（4）最后，一个综合的也更能直接体现各因素综合作用的是个体化层面的考察，以更全面地把握各边界条件之间的相互关系。（文化的、发展的也仅仅是亚人的视角，真正回到人本身的认知，还需要生活的摄入，这就是人的日常习惯与现实的生活情境。）

认知维度，一个前理论的视角（不预设理论假设），选取认知的基本问题作为探究的内容取向。一般意义上，边界及边界条件问题是关乎具身是否发生、如何发生的问题。其潜在的意味着具身可能是不发生的，认知可能是离身的。这也就表明，研究者并不适合预先地站在离身或具身立场去探究边界，而有必要回到离身、具身立场之前，回到前理论、回到认知本身去思考。也即从前理论，从所有认知理论都要面对都要解决的问题入手去辨析边界条件、去追思基本属性。那么这一前理论的问题是什么？这可能是意义获得问题、计算问题等等。但这些问题太过宽泛、抽象而不易把握，也并不能很好地显现边界条件、基本属性，也即并不适用。基于相关的研究[①]，其选用认知的一般化问题、灵活性问题、抽象性问题等三个方向去思考离身、具身何以可能的问题，很适于此处的探究。同时，这三个问题也是任何认知理论能否成立、是否具有足够解释力等都要面对的问题。因此，认知维度层面，一般化问题、灵活性问题、抽象性问题成为探究具身认知基本属性、边界条件的主要问题。

综言之，基本属性与边界条件问题的考察包括身体、认知两个基本维度，主要探究具身在方式、程度两方向的变化。分述为身体体验层面的物理生理基础、年龄特征、文化差异与个体化，认知层面的一般化、灵活性、抽象性问题。身体维度着重于身体及其体验，考察的是身体性变量对于认知的作用方式、影响程度，旨在以身体属性明确具身认知的基本属性并由此辨析边界条件；而认知维度则是基于身体维度的考察作进一步的追问，是基于身体维度考察出的边界条件进一步反思、追问、挑战具身认知的解释力、似然性，从而进一步辨析其应有的边界、进一步辨明基本属性。

---

① Dove G. Three Symbol Ungrounding Problems: Abstract concepts and the future of embodied cognition [J]. Psychonomic Bulletin & Review, 2015, 23 (4): 1109-1121.

在学理层面，探究具身认知的基本属性与边界条件问题，实质上是反思与追问具身认知发生、发展的基本理论前提。通过反"身"思考以祛魅（避免更为随意泛化的具身认知应用，祛除可能的日益泛化的具身幻象），即反思身体属性之于具身认知的作用方式、影响程度以界定条件、避免泛化；通过问"知"以新立，即追问认知理论应面对的基本问题之于具身认知边界的挑战，以树立新的具身观、新的学术立场、新的学术态度、新的研究倾向。

第二部分

具身效应的基本属性与边界条件分析

具身认知的边界条件考察的是具身认知以何种方式在何种程度上发生、发展、变化，考察的是具身的异质性、变化性。通过反思"身体"基本属性分析具身认知的身体特异性、年龄特异性、文化特异性、个体特异性，考察身体在何种条件下、以何种方式作用于认知，从而界定生成具身效应的边界条件与强弱层次差异。分析表明，具身效应的发生是定域的，存在一个文化—情境—身体感知运动—惯习的多层次生成系统。

第三章 物理生理属性与边界条件

对于具身异质性、变化性的描述，需要一个最初的对比基准。物理生理属性的考察，便是要寻求确立、设定这一基准。如各具身认知理论所公认的那样，身体是心理活动、认知过程及其情境中不可分割、持续在场的存在或组成部分。而身体首先是物理生理的身体或躯体，且物理生理的身体因人类相似的进化而体现出更多的相似性、一致性。由此，符合对比标准所应该具备的相对一致、相对稳定性要求。因而，对于边界条件的考察，有必要首先从身体入手、从身体的物理生理属性入手，考察较为一般性的影响方式与作用机制，从而奠定考察边界变化的基准。同时，这也为更有针对性地祛除泛化问题的魅惑、重新定位具身奠定基础。

第一节 具身认知与物理生理身体

物理生理身体的关注或切入，是具身认知理论的题中应有之义。何以言之？一方面，具身认知理论以具身性为核心特征，强调身体之于认知的建构作用；而身体，首先是物理生理的身体。另一方面，具身认知理论重视经验，而经验的形成则需要物理生理身体的感知运动经验基础。同时，探究具身认知基本属性与边界条件问题本身就需要一个相对稳定的对比基础。细言之：

其一，具身认知理论的共识性理念与理论特征等，突出了身体之于认知的轴枢作用，而身体则首先是物理生理的身体。具体析之，首先，一个关键的理论前提是：具身认知理论强调了认知过程中身体的轴枢作用。李其维、李恒威、叶浩生等曾归纳具身认知理论的特征为：具身性、生成性、系统性。[1][2][3] 其中，具身性是具身认知理论的核心，一般指认知过程的发生、发展有赖于认知主体的身体及其感知运动系统与环境的交互作用，或言，认知并非凌驾于身体之上，而是依赖于身体结构及其行为活动；生成性，是把认知视为一种具有时间压力的即时动态过程，而这一即时过程的核心，则在于身体与身体所处环境的交互；系统性，是把认知过程中的身体、大脑、环境等视为一个完整的动力系统，而这一动力系统的轴枢，乃是身体。统观分析，三者所共同突出的，恰是身体的中心性、轴枢性角色或地位。可以认为，具身理论视角下，认知源自活生生的身体，又依赖于身体的感知运动而发展变化。而身体，则首先是物理生理的存在。其次，身体的属性有着进化基础上的物理生理属性基础，身体的物理生理结构特征在最基本的层面决定着认知的发生、发展。一般而言，在整个认知动力系统中，身体可以是物理生理的身体而能感知、能运动，可以是文化属性的身体而体现文化的规训，还可以是社会抑或政治属性的身体而寓意某种价值观念。它既是生成场，在交互的过程中生成认知；又是展现场，在认知活动中展现着过程。而无论是生成抑或展现，均需一个实体的身体，即一个物理生理的躯体。其不仅仅是认知的一个载体，在具身视角下，更是认知的一个构成性因素。由此可以认为，在认知心理学视域内，物理生理的属性是身体之所以成为身体的首要属性，是最基础性的、最为直接的，而其他属性的赋予、感知运动经验的生成等均受限于物理生理的身体结构。因而，具身认知提倡者所言的身体决定认知，可以被更详细地叙述为，身体的物理生理结构或属性前提性地决定了认知的发展变化范围。正如部分

---

[1] 李其维. "认知革命"与"第二代认知科学"刍议 [J]. 心理学报，2008，40 (12)：1306-1327.
[2] 李恒威，盛晓明. 认知的具身化 [J]. 科学学研究，2006 (02)：184-190.
[3] 叶浩生. "具身"涵义的理论辨析 [J]. 心理学报，2014，46 (07)：1032-1042.

学者所言：生理身体属性对个体获取概念给予了限制、约束，或言，个体的概念取决于其所具有的身体类型。[①] 例如，人与蝙蝠的身体结构差异决定了方向认知的差异。由此而言，身体首先是物理生理的身体，而身体的物理生理属性前提性地预设了认知的生理甚或生物界限、认知的发展变化范围。因此，物理生理属性有必要成为探究具身认知基本属性、具身边界条件的首要维度。

其二，具身认知理论对于身体的强调是伴随着对于体验或经验的关注的，而经验的生成则需要特定情境中物理生理的身体及其感知运动基础。首先，具身认知理论普遍关注身体的同时，更加注重体验、经验的作用。如瓦雷拉、西伦等具身认知理论先驱曾直言认知依赖于主体或有机体的各种经验。[②] 玛格丽特·威尔逊（Margaret Wilson）也曾在综述具身理论的文章中强调经验的作用，如其所言：即时的体验直接作用于在线认知，而过往的经验则存储于记忆系统中影响着离线认知过程。[③] 由此而言，在具身认知理论视角下，经验是探究、认识认知过程的必要维度之一。其次，经验则主要源于特定情境中物理生理身体的感知运动。一般而言，经验可间接学习而得，抑或有着文化观念、社会情境等多种因素的共同塑造。但在具身认知的过程中，以个体物理生理躯体及其感知运动系统为基础的直接体验更具流畅性、通达性而促其获得一种感知优先优势，这使得其在认知活动中发挥着直接的决定性作用。换言之，习得的间接经验抑或文化塑造等因素作用的发挥，仍需借助于物理生理身体或感知运动系统的内化、改造而成为直接体验方为可能有效。如西伦所言："心智依赖机体的各种经验，而这些经验来自具有独特知觉和运动能力的身体。"[④] 瓦雷拉等人也有过类

---

① [美]劳伦斯·夏皮罗. 具身认知[M]. 李恒威，董达，译. 北京：华夏出版社，2014.
② 陈巍，郭本禹. 具身—生成的认知科学：走出"战国时代"[J]. 心理学探新，2014，34（02）：111-116.
③ Wilson M. Six views of embodied cognition [J]. Psychonomic Bulletin & Review, 2002, 9 (4): 625-636.
④ 麻彦坤，赵娟. 具身认知：心身关系的新思考[J]. 徐州师范大学学报（哲学社会科学版），2010，36（05）：138-142.

似的表述："认知依赖主体经验的种类，而这些经验源自具有各种感觉运动能力的身体。"[①] 由此而言，具身认知视角下，认知所依赖的经验，主要源于具有感知运动能力的物理生理属性的身体。在经验意义上谈及具身认知基本属性与边界条件时，也就需要首先关注物理生理维度。

其三，基于边界条件问题本身而言，主要考察发生与否、程度大小、模式差异等变化或特异性，这就有必要首先确立一个基质、一种参照，或言一个最基本的相对普遍的相对一致的初始情况。后续所言变化抑或特异性均是基于这一初始情况而言的，均是在初始条件的基础上受初始条件限制的变化。而这一初始条件或参照的确立，一般而言应该是相对稳定、相对普遍一致的，以保证对比的可比性、有效性。纵观认知活动过程，身体是心理活动、认知过程中及其情境中不可分割、持续在场的存在或组成部分，对认知的发生、发展具有普遍的影响。[②] 或言，人类的认知功能受到相对稳定的生态的、物质的、生物的身体条件限制。因而，有着相似或相对一致进化基础的身体之物理生理属性，有足够的理由被确立为参照或初始条件。由此而言，在这个意义上，同样有必要也需要从身体的物理生理属性入手去考察具身认知的边界条件。

综言之，物理生理的身体之所以成为探究具身认知边界条件的首要维度，主要在于：身体及其经验是具身理论的首要关注点，且身体首先是物理生理的身体，经验也主要是物理生理身体的感知运动经验。一个更为翔实的表述是："心灵本质是涉身的不仅仅因为所有心理过程都是神经例示的，也因为我们的知觉和运动神经的独特之处对我们定义概念、合理推理起到了基础性作用。我们的意识器官、视觉系统等生理学设计对意识内容以及所有在其中出现的表征的结构都有着直接的影响，也预设了对高级抽

---

① 陈巍，郭本禹. 具身—生成的认知科学：走出"战国时代"[J]. 心理学探新，2014，34（02）：111-116.

② 窦东徽，彭凯平，喻丰，刘肖岑，侯佳伟，张梅. 经济心理与行为研究的新取向：具身经济学 [J]. 华东师范大学学报（教育科学版），2015，33（01）：67-76.

象概念的生理界限。"[1] 这意味着，人的认知源自活生生的身体，而不是机械的装置，它自然会受到人的身体及其大脑、生理和神经结构的影响。[2] 由此，对于具身认知基本属性、边界条件的解读、把握，有必要首先从物理生理的身体入手。

第二节 何以探究物理生理属性

既然物理生理视角是首要维度，那么何以考察具身认知的物理生理属性，也即如何从物理生理的视角出发探究基本属性才能为后续边界条件的辨析奠定基础，便成为首要面对的问题。这既需要一个明确的界定，又需要基于界定而确定研究取向、主要问题。简单而言，这需要理解物理生理的身体如何影响认知，又何以能影响认知，而其影响过程又形成了具身认知的什么特点。也即，对于物理生理属性的把握，有赖于理解身体的影响方式、作用机制、具身性特征等三个方面。

何谓物理生理属性？所谓具身认知的物理生理属性，即身体的生理结构、物理状态等影响认知如何具身化及其具身程度，且展现出一定特征，可简单理解为具身认知的具身性。其所要表达的是，物理生理身体直接影响、建构认知过程，或言认知发生于身体及其感知运动系统与环境的交互作用过程中。它从最直观的物理生理躯体入手考察具身认知是如何发生、发展的，因而可以被视为具身认知理论首要的、核心的特征，也是具身认知最为基础、直接的体现。（需要注意的是，物理生理属性或具身性仅仅是具身认知诸多特征的一种，如生成性、系统性等，并不是全部，并不能涵括具身认知的全部理论意蕴。）那么，该如何把握或理解这一物理生理属性特征？

---

[1] 刘晓力. 交互隐喻与涉身哲学——认知科学新进路的哲学基础 [J]. 哲学研究，2005 (10)：74-81+130.
[2] 胡万年，叶浩生. 中国心理学界具身认知研究进展 [J]. 自然辩证法通讯，2013，35 (06)：111-115+124+128.

如何理解物理生理属性？理论上而言，物理生理属性，所要表述的是身体感知对于认知的影响，而在现实的认知过程中，其所展现的是身体感知运动与认知的联结关系，既包括身体感知作用于认知活动，又包括认知活动激活身体感知运动系统。于前者，其突出的是身体如何发生作用；于后者，所突出的是这一作用的潜在机制问题。因而，较为理想地把握、理解物理生理属性，既要考察身体如何影响，又要明白何以能够影响。即，不仅需考察身体影响认知的程度、途径或方式，还有必要阐述其潜在的作用机制，二者共同构成物理生理视角下的主要问题。针对这一问题，由于关涉程度、途径与方式，这就可能有着一致性与差异性两种研究取向。那么，物理生理属性的考察应该指向什么（一致性或差异性）？这有必要回到边界条件的问题域下去思考，物理生理属性之于边界条件的考察有何作用，或言以何种方式或层面作用于边界条件问题研究？这也即是研究的取向或定位问题。

研究取向与定位？具身认知的边界条件考察的是具身认知以何种方式、在何种程度上发生，考察的是具身的异质性或变化性。对于这种变化的描述或预测，需要一个最初的对比基准。而物理生理属性的考察，便是要寻求确立或设定这一基准。基于前述分析，从物理生理视角出发限定基准是可行的。而由于基准的普适性需要，物理生理属性的考察就需要侧重于在一般意义上范畴性地揭示身体之于认知的影响作用，而暂时性地规避差异性问题。同时，基于身体感知运动的基础性地位以及人类共同或相似的进化基础与相似的身体结构等，物理生理属性的视角更多的是寻求把握个体间具身认知的一致性，或言一般规律。

进一步，明确物理生理属性相关的边界条件。基于上述对物理生理属性的界定及其研究取向，物理生理相关的边界条件可以被认为是，生成具身效应或发生具身认知所应满足的物理生理条件，可以被视为具身认知发生的基本条件。

综言之，具身认知理论视角下，具身认知的物理生理属性可视为具身性，表述的是物理生理身体对于认知的影响。对于这一问题的把握，既要考察如何影响即作用方式，又要把握何以影响即作用机制。而由于边界条件问题的需要及物理生理身体的相似性，对于这一问题的把握更多的是在一般意义上探究相对一致性、普遍适用性，其是作为后续分析的逻辑起点或变化基准而存在的。

第三节　物理生理属性

物理生理属性所要表述的是身体感知对于认知的影响，体现为身体感知运动与认知的联结，既包括身体感知作用于认知活动，又包括认知活动激活身体感知运动系统。因此，既要考察身体如何影响，又要明白何以能够影响。

一、身体如何影响认知

具身认知理论强调身体影响认知过程，那么身体是如何影响，或言通过什么方式或途径影响认知，便成为探究认知具身性、物理生理属性的关键问题之一。有学者曾在综述如何系统阐述、解释具身化问题时，归纳出身体解剖学、身体活动、身体内容和身体形式四种作用方式。[①] 这为探究身体的作用方式提供了可资借鉴的基础。另外，基于对具身认知实证研究的把握，身体的生理器官、感知觉、行为活动、身体图式等均限定或影响着认知的形成、发展。由此，统筹二者可以确立出：身体解剖学结构、身体感知觉、身体行为活动、身体所处环境、身体表征等五个方面。

身体解剖学结构。人类独特的身体解剖学结构在最基础的层面限定了人类如何认知、如何形成概念或表征知识，在认知过程中起着因果甚或构成性作用。例如，灵活、柔韧、敏感的手指保证了人类能够抓握、触摸物体而形成认识；左右手臂在平衡性、力量等生理层面的差异形成左右利手

[①] Goldman, A, Vignemont D. Is social cognition embodied? [J]. Trends in Cognitive Sciences, 2009, 13 (4): 154-159.

而影响着空间效价进而影响认知判断等。同时，身体解剖学上的生理病变及其造成的认知差异更能说明生理结构之于认知的作用。这意味着，身体生理结构及其变化左右着人类如何认知及认知的内容等。

身体感知觉状态。具体的身体感知觉体验影响抽象的认知加工判断，而抽象的认知或情绪亦可激活或促发相应的身体感知觉，二者有着双向的互补作用。自具身认知理论兴起以来，学界对于身体感知觉与认知间关系的研究就不曾间断。一方面，身体感知影响认知判断。较为突出的研究如，冷暖知觉影响人际关系亲疏，身体洁净或肮脏影响道德自我、道德判断，重量感影响重要性判断，粗糙或平滑触觉影响容易或困难度判断等等。例如，崔倩对于触觉与认知关系的研究发现，挤压硬球的被试能够正确再认出更多的类似"刚"等具有"硬"语义的目标字[1]；手持较重写字板的被试更容易把认知对象（如，书）判断为重要[2]。这意味着，具体的身体感知运动体验能够作用于抽象认知。另一方面，抽象的情感或认知也可激活相应的感知觉系统，二者可能存在互补作用。例如，手捧温咖啡的被试可能更易形成积极的人际关系判断（正向）；而反过来，被他人拒绝后的被试更倾向于选择温水、对环境温度的判断可能更低（反向）。[3] 这意味着，身体感知与认知的关系也许是双向的，可能存在某种程度上的互补作用，这也就证实了身体感知觉状态影响认知。

身体行为活动。与身体相关的行为活动、动作方式等在认知过程中起着起因果或建构性作用。基于当前研究中常见的自变量因素，这里所言身体行为活动，既包括整体性的身体姿势，又包括诸如手指活动、面部动作等细枝末节的微小活动，同时还包括社会性身体行为、身体空间位置与相对距离等。全身性身体姿势，如有力、无力姿势影响自信程度；细小动作，

---

[1] 崔倩. 触觉经验对认知判断的影响 [D]. 南京：南京师范大学，2012.
[2] 陈丽竹，叶浩生. "重"即"重要"？重量隐喻的具身视角 [J]. 心理研究，2017，10（04）：3-8.
[3] O'Connor C. Embodiment and the Construction of Social Knowledge：Towards an Integration of Embodiment and Social Representations Theory [J]. Journal for the Theory of Social Behaviour，2017，47（1）：2-24.

如牙齿或嘴唇固定铅笔而形成不同面部表情，影响被试对词汇、图片等的效价判断；社会性身体行为，如物理上的身体距离影响人际关系判断；而身体位移方向的差异也会作用于关系的维持等[①]。可以认为，身体行为活动伴随认知的发生发展，影响这个体的认知判断。

身体所处的环境。具身认知并非仅仅强调单一的、悬空的身体，而是把身体置于其所处环境中加以考察，即，身体嵌入环境。因而，考察身体如何影响认知有必要纳入环境维度。相关的实验研究也在一定程度上验证了环境影响认知。当然，这种影响在很大程度上是基于环境对身体或情绪的影响而间接形成的。例如，物理环境的冷暖引起身体感知的冷暖而影响人际认知等。这就意味着，身体所处环境同身体本身一样将会影响个体的认知判断、认知加工等。

身体表征。上述所言身体感知、身体动作等均是实际即时性的身体感知体验影响认知的过程，而这种实际的体验反复发生，就可能形成经验或表征，从而以离线的形式作用于认知加工。这就包括了身体图式、身体意象等。尽管主要讨论物理生理的身体如何影响认知，看似主要是一种实体层面的考察，但这并不能忽视未发生实际感知运动情况下，身体之于认知的影响。大量的实验研究已经表明，个体对物理生理身体本身的认识可形成身体意象，对于身体感知运动系统的认知加工可形成身体图式等，均影响认知加工。这种影响是基于经验、基于身体表征的，是一种离线的影响。

综言之，基于上述分析，身体之于认知的影响，可以通过身体结构、身体感知觉、身体行为活动、身体环境与身体图式等多种方式实现。这有助于理解身体是如何影响认知的这一问题。然而，这仅仅是考察具身认知物理生理属性的一个方面，更为重要的是，需要理解身体何以能够影响认知。这就涉及具身认知的发生机制问题。

---

① 窦东徽，彭凯平，喻丰，刘肖岑，侯佳伟，张梅. 经济心理与行为研究的新取向：具身经济学[J]. 华东师范大学学报（教育科学版），2015，33（01）：67-76.

二、身体何以能影响认知

如上所言，对于物理生理属性的把握还关涉具身认知的发生机制问题，其是探究具身化何以存在边界条件的关键问题之一。简单而言，具身认知体现了身体感知运动与认知的联结关系，那么讨论具身认知的发生机制，即是要探究身体与认知的结构耦合、相互映射何以可能。自具身认知兴起之时，学界对于机制问题的探讨、争论就未曾停止，也形成了诸多具身理论。综合而论，隐喻、具身模拟是当前学界关注的焦点所在，这也在一定程度上印证了其解释力。

隐喻机制的可能。隐喻不仅仅是一种修辞，更是一种思维，人类可以通过熟识的具体的感知运动经验隐喻抽象概念以实现认知。隐喻理论的主要提倡者乔治·莱考夫（George Lakoff）、马克·约翰逊（Mark Johnson）在《我们赖以生存的隐喻》等一系列学术著作中极力强调人类感知运动经验之于认知过程、认知内容的关键作用。他们指出，正是人类特有的隐喻、隐喻思维将具体可感的身体感知运动、感知经验转化为支撑思维、支撑认知的抽象概念。[①] 这意味着，隐喻具有建构的作用，它可以把具体的直接的感知运动经验进一步概念化，从而建构出更为精要的可用的新概念以简化认知、方便理解。究其具体的建构过程、作用机制而言，莱考夫、约翰逊指出："构成我们身体经验的图式具有前概念层面的基本逻辑。感知觉运动经验中的前概念的结构的相关能激发隐喻，以将这一基本逻辑映射到抽象域。由此，所谓的抽象理性是具有身体基础的。"[②] 具体而言，莱考夫、约翰逊等提倡隐喻理论的学者经常通过空间概念隐喻来阐释隐喻之于认知的关键作用，以此来印证这一具身认知机制。例如，以个体身体为核心，有关个体本身的上下、左右、前后等空间感知运动经验及其概念通常形成身

---

① Cerulo K. Embodied Cognition: Sociology's Role in Bridging Mind, Brain and Body [M], 2017.

② Lakoff G. Women, fire, and dangerous things: What categories reveal about the mind [M]. Chicago: University of Chicago press, 1990.

体图式，进而能隐喻映射语言所表达的意图、状态等，从而使得个体可以借助感知经验理解抽象概念。比如房价的"涨跌"、谈判中所谓"后退、让步"策略、精神上的"升华"、进程上的"继续前进"等等，均有着身体图式、空间感知的基础，均是一种隐喻的表达、隐喻的思维。正如他们所言："我们对世界、我们自己以及其他人的每一种理解都只能由我们身体本身所塑造的概念所构成。"①

进言之，有关具身隐喻的思想观念已有足够的实验数据支持。有关具身隐喻的实证研究已为隐喻机制提供了大量实验证据支持，其中比较经典常见的实验为时空隐喻研究、洁净隐喻研究等等。这里仅通过感知隐喻概念、概念唤醒感知运动两个层面的案例说明。其一，就感知经验隐喻概念而言，例如，有学者基于身体姿势影响个体数量概念认知的假设展开实证研究。他们提出了"心理数字线"的概念工具，意指当个体认知有关数量概念时，通常"沿着左小右大的数字线去表征数字"。在实验中，他们要求被试倾向于左边或右边并估计数量大小。其结果发现，左倾的被试表现为显著的低估数量，而右倾的被试则显著高估数量。② 这就验证了心理数字线所表达的含义，从而也就证明了身体图式、隐喻映射之于认知的关键作用。又如，时间概念与身体图式、身体感知运动经验的映射亦然验证了隐喻假设。在一项有关时间概念化过程的研究中，研究者在实验室环境中探究了身体姿势与时间概念的关系，他们发现美国英语的使用者更倾向于根据从左向右的身体感知经验定义时间。③ 这意味着，身体感知确如隐喻理论所论及的那样，影响着概念建构。其二，就概念加工过程唤醒或激活身体感知运动系统而言，例如，有学者关于心理时间畅想（例如思考过去或未来）的实验就证明了个体通常通过感觉运动系统隐喻性地表征其对于时间进程

---

① Lakoff G，Johnson M. Metaphors we live by [M]. Chicago：University of Chicago press，1980.
② Eerland A，Guadalupe T M，Zwaan R A. Leaning to the left makes the Eiffel Tower seem smaller：posture-modulated estimation [J]. Psychological Science，2011，22（12）：1511-1514.
③ Cooperrider K，Núñez R. Across time，across the body Transversal temporal gestures [J]. Gesture，2009，9（2）：181-206.

的思考、表达。在实验中,他们要求被试设想过去或未来可能发生的时刻以观察被试的身体行为变化。结果发现,回顾过去的受试者往往有后退倾向,而设想未来的受试者往往有前倾倾向。[1] 这在很大层面上是源于,过去作为已被经历的意味着在身体之后,而未来则在身体之前。又如,还有学者探究包容与排斥概念证明了具身性隐喻同样起着重要作用。当受试者感受到包容或被接纳时,往往高估室温,而当受试者感受到被排斥时,往往低估室温。[2] 由此而言,感知隐喻概念、概念唤醒感知运动两个层面均能印证隐喻机制的作用。

隐喻仅仅是众多解释具身机制理论中的一个。这之外,具身认知学界比较公认的解释机制还有具身模拟理论。其作为一种解释认知何以能具身的重要理论可能,亦有必要辨析。

具身模拟的可能。具身模拟构成了另一种能够使脑、身体和环境结构耦合的机制。具身模拟是站在传统所谓离身认知的对立面提出其假设的。其提倡者认为,人类的语言理解、认知过程并不是通过计算过程、算法规则展开的,而是通过在心理上模拟语言或认知对象指向的感知运动经验来实现的。进言之,个体可以在没有实际存在的视觉感知、行为动作的条件下实现对认知对象的理解。也即:"我们在没有外在表现的情况下能创造出感知和行动的心理体验。"[3] 例如,当个体描绘或想象其喜欢的食物味道、其享受的日照感觉、其终日的驾车操作时,并非仅仅是在简单描绘这些身体感知运动经验,还能切实感受到这种体验。也即,即使并非正在试吃喜欢的食物依然能感受到相应的味道,即使并非正在享受日光浴依然能有很强的光照感,即使站立不动也仍然能感受到驾车时的转向摇晃等。在这些例子中,个体均会有意识地使用过去经验,有意识地创造一个心智形象以

---

[1] Miles L K, Nind L K, Macrae C N. Moving through time [J]. Psychological Science, 2010, 21 (2): 222-223.

[2] Zhong C B, Leonardelli G J. Cold and lonely: does social exclusion literally feel cold? [J]. Psychological Science, 2010, 19 (9): 838-842.

[3] Bergen, Benjamin K. Louder than words: The New Science of How the Mind Makes Meaning [M]. New York: Basic, 2012.

在心理层面再次体验。进一步，对于不存在的不可直接感知的事物，具身模拟的作用也许更为关键。正如有学者指出的那样："你不仅能够理解关于现实世界中存在的事物的语言，比如北极熊，还能理解那些对于并不真实存在的事物的描述，比如飞行的猪。当词汇结合在一起时，不管它们所指的事物是否存在于真实的世界语言中，他们都会在心理表征中形成心理联姻。"[1]

进言之，具身模拟的实现有着独特的运行机制基础，也得到了足够的实验证据支持。就具身模拟的作用机制或实现过程而言，在于实际的感知运动与抽象概念加工具有相似的脑区。具言之，它能够利用个体与世界直接交互过程中的脑神经反应机制，或言先前感知运动经验中活跃的大脑模式，从而得以创造出过往经验的回声或共鸣。换言之，具身模拟能在心理层面实现对过往直接感知运动经验及其活跃脑区的再激活、再运用、再体验。其中，最为关键的是脑内镜像神经元的存在，其被视为人类之所以能够实现具身模拟的直接作用因素。有关镜像神经元的研究为具身模拟提供了直接的实验支持。这里不作详述。综言之，对于具身模拟的理解，可以这样来看："模拟是身体、世界和心智互动过程中产生的知觉、运动和内省状态的复演。"[2][3]

综观隐喻与具身模拟，二者虽同为解释具身认知何以可能的理论，但却有着不同的理论取向，其对于探究具身认知基本属性、边界条件问题的影响也是不同的。其中，最为关键的根本差异在于，具身模拟理论更多依赖于镜像神经元等神经生理机制，在个体间更具相似、一致性；而具身隐喻更多地依赖于语言与文化环境，依赖于直接的感知经验，因而表现出更多的差异性。由此而言，对于旨在论证、追思具身认知差异性、变化性的

---

[1] Bergen, Benjamin K. Louder than Words: The New Science of How the Mind Makes Meaning [M]. New York: Basic, 2012.
[2] 叶浩生. 有关具身认知思潮的理论心理学思考 [J]. 心理学报，2011, 43 (05)：589-598.
[3] Barsalou L W. Grounded Cognition [J]. Annual Review of Psychology, 2008, 59 (1): 617-645.

边界条件问题而言,以具身隐喻为基础也许更具比较更能显示变化的意义,也更有利于促进对具身认知基本属性的、边界条件的把握。

综上而言,身体之于认知的影响有着特定的方式,亦有着内在的机制基础。身体解剖学结构、身体感知觉、身体行为活动、身体所处环境、身体表征等均在不同方式不同程度上影响认知的发生发展,而其之所以能够发挥影响,可能在于隐喻也可能在于具身模拟。那么在这一影响的过程中,体现出或形成了什么样的具身特征?这种特征可以作为进一步探究基本属性、边界条件的根本着力点。

第四节 物理生理属性的基本特征

基于上述身体如何影响、何以能影响认知的论述,综合当前学界有关具身认知理论的讨论,可以大致理出具身认知之物理生理层面的基本特征。简述为,在物理生理层面,具身认知是多模式的,又是模式特异的、身体特异的。

其一,具身认知是多方式、多模式的。物理生理身体的制约导致身体感知运动经验的有限性,而感知经验的有限性会促使个体在身体—认知之间形成一对多、多对一的联结关系。首先,物理生理属性本就意味着具身是有物理生理躯体基础的,但物理生理的躯体是有限的、受制约的,不能无限地、不受限制地生成各种感知经验。其次,这种具体的感知运动经验的有限性,进而会导致一种身体感知对应多种认知概念,而一种认知概念也可能源于多种身体感知。就前者而言,其意味着个体会利用某一个或一类身体感知运动经验建构多重概念、建构多种认知。例如,个体可基于身体图式中的上下空间感知经验建构有关道德、有关权利、有关社会地位等多类概念,形成一种身体感知—多种认知的映射关系。就后者而言,也是更为重要的则是,其意味着个体利用多种身体感知模式、多种身体感知运动经验来建构出某一种概念、一种认知。例如,有关道德认知、道德判断的隐喻,既可以体现为纯洁与否的体感隐喻道德要求,又可以体现为上下空间感知隐喻道德素质高低等。由此而言,具体感知运动经验与高阶认知之间可以是一对多、多对一的关系。这使得认知的具身性可以在多种感知运动、多种身体—认知联结模式上实现,可以被认为是多模式的、多通道的。当然,不同感知运动经验即使隐喻同一认知也可能会相对产生不同的意义。进言之,这种多模式本就意味了具身方式的多样性、变异性,而多样性之间的变与不变则就意味着特定模式的具身认知是有边界条件的。这就为探究具身认知的边界条件问题提供了佐证材料。综言之,躯体的制约可能促使个体在身体—认知之间形成一对多、多对一的联结关系,意味着具身认知是多模式、多感知通道的。那么这种多模式、多通道之间有何关系,是否交互,这就涉及第二个特征。

其二,具身模式特异性。尽管认知的具身化有着多模式、多通道的可能,但各模式之间并不能交叉转换,每一身体—认知联结模式都是特异独立的。也即,一种联结模式仅仅对应一种认知情境或认知过程。其内在的基础是,每一种身体—认知都对应着特定的脑区,从而形成身体—脑—认知的特殊模式通道。换言之,每一具身认知的发生,均有一个对应的感知行动特异化、功能特异化的神经基础。从而使得一种刺激与特定脑区耦合形成相应的知觉模式独立存储,且每一脑区有着特定的功能只针对特定的感知信息起作用。并且,多个特异的身体—脑—认知模式之间并不可相互转换。这种特异的身体—脑—认知模式是在个体日常的认知中累积形成的,又反作用于认知的发生、发展。进一步,随着具身理论的发展,这种模式特异性特征已经被相关实验所实证。在一项有关道德—洁净具身隐喻的研究中,研究者发现,口语撒谎被试更倾向于选择口部洁净(如漱口水、牙刷)产品,而书写撒谎被试更倾向于选择手部洁净(如洗手液)产品。这意味着,不同身体—脑—认知的特殊模式通道是相互独立的,以特异的方式影响认知加工。

另外,这种具身模式特异性还有着身体特异性的一面。上述所言的模式特异多是基于个体内在的感知神经通道而言的,在这之外,身体本身的特异性也会形成特异的具身模式。也即不同的身体有不同的感知,而不同的感知及其经验则形塑不同的具身模式。具体言之，在具身认知的生成中，个体总是以自身特有的身体物理生理特征、身体感知为参照体系的。然而，一方面，身体的生理结构虽几近一致，但并不相同；另一方面，身体感知运动方式本身也是有着个体化的发展和相异的。这就导致了个体间参照体系的差异，进而形成不同的、殊异的具身模式。进而，身体特异性意味着因人而异的变化，意味着需要探究变化的边界条件。

综上所言，从物理生理层面出发，具身认知体现出多模式且模式特异、身体特异的特征。基于前述所言物理生理属性可以大致视为具身性，那么这种多模式且模式特异的特征也可以被视为具身性的另一种解读。进而，结合一般意义上具身认知的生成性、情境性、系统性特征，可以更为全面地把握具身认知的基本属性特征。而这些特征作为一个楔子，将为探究具身认知的边界条件问题提供可能的方向路径、内容取向等。

第五节　从物理生理属性到边界条件

从物理生理属性辨析边界条件。通过物理生理属性的考察，一个综合的论述是，具身认知需要物理生理的躯体基础，且是多模式、模式特异的。一方面，身体的解剖学结构、感知觉状态、行为活动、所处环境及身体表征等均可在不同方式、不同程度上作用于认知的发生发展。但这种作用是有限的，从而促使个体形成一对多、多对一的身体—认知联结关系，意味着具身认知是多模式、多感知通道的。然而，虽然是可多模式实现的，但却并不随意、偶然。也即另一方面，它有着模式特异的要求，有着特异的身体、有着特异的身体—脑—认知模式神经基础，是模式特异的具身。由此而言，一个能感知能行动的身体是具身的基础，而特异的身体—脑—认知模式则是具身的基本要求。这可以被视为具身认知发生的基本条件，也即物理生理属性相关的边界条件，前提性地预设了具身认知的可变范围。

进而，物理生理属性的考察，是探究具身基本属性、边界条件的逻辑起点。这可以从两方面理解。其一，多模式、模式特异性意味着在某一次具体的具身效应中，会有着程度差异、方式差异的可能。面对同样的认知任务、认知情境，身体特异的个体往往有着特异的具身认知模式。那么为何是这种而不是另一种具身效应，就意味着存在一种潜在的边界，其左右着具身以何种方式、在何种程度上发生。也即，多模式与模式特异性意味着因人而异的变化。进言之，变化恰恰暗示了一种边界的必然存在，暗示着具身认知的形成也许并非在于身体的感知觉运动本身，而在于对感知觉运动的思考、经验等。其二，与此相反，物理生理属性的相对一致性为探究边界条件提供了基本前提、初始条件。物理生理属性的考察主要侧重于在一般意义上范畴性地揭示身体之于认知的影响作用，而暂时性地规避差异性问题。也即，基于身体感知运动的基础性地位，以及人类共同或相似的进化基础与相似的身体结构等，物理生理属性的视角更多的是寻求把握个体何以能具身认知的相对一致性因素，或言一般规律。这种相对一致性的、一般性的具身认知便是探究具身如何发生、何以发生、何以变化的基准或参照，也即其为边界条件问题提供了一个对比的标准，为考察变化以确立边界条件提供了一个变化的基质。在这个意义上，对所有完整身体的个体而言，基于类似的进化，所有具身模式都是均等、同可能的，同等程度的。由此可以认为，具身的物理生理属性是基本前提、初始条件，没有程度可能性、方式可能性上的差异。综观二者，物理生理属性既暗示了一种边界的存在，又为探究边界条件提供了一种对比的基准、可变的基质。由此，物理生理属性可以视为具身认知发生发展的基础，而物理生理相关的边界条件则是具身的初始条件，其提供了先验行为的可能性、变化的可能性，可以被视为探究具身基本属性、边界条件的逻辑起点。

更进一步，从物理生理基础拓展到年龄特征、文化差异、个体化。一方面，物理生理的属性是最基本维度的考察，由此能够把握认知是如何具身的，但这仅仅是一种普遍意义上的理解，更具通识性的意义。目前部分研究者并不清晰知道这种具身性是如何发展的，又是如何具有意义的。另一方面，经由物理生理身体之于认知的影响可知，身体的变化是一个具有实际考察意义的维度，即身体的变化会影响到具身认知的发生发展，会影响个体具身认知与离身认知的偏好等。这也就意味着，更为细致深入地考察可经由身体的其他属性展开。进而，这就涉及身体属性问题以确定进一步的研究维度。一般意义上，身体既有不变的物理生理基础，又是毕生发展变化的，还是受文化教化的，同时又有着各因素殊异的综合而个体化发展。由此，身体维度有必要从这四个方面展开。进一步，模式特异性意味着方式、程度的变异，成为各维度的两个必要方向。其中，方式即内在机制，探究耦合、映射关系模式上的变化；程度即是强弱变化，可以把具身认知视为一个强弱连续体。这样，具身认知可以被看作是多模式的连续体，有着方式、程度的变化。由此，后续对于基本属性、边界条件的考察可以以此为前提，在上述四个方向维度上分别探究具身认知的方式、程度差异。

综上而言，物理生理属性的考察，指明了一个能感知、能行动的身体是具身认知发生的前提。身体物理生理基础本身就是一个边界条件，前提性地设置了可变化的范围。这为后续探究具身属性与边界、探究具身如何发展变化提供了一个变化的基质、对比的基准。它作为逻辑起点，指明了进一步探究边界条件的基本维度、基本方向。同时，这也为更有针对性地祛除泛化问题的魅惑、重新定位奠定基础。

第四章　具身认知的年龄特征与边界条件

物理生理的身体是毕生发展的，在物理生理属性基础上，有必要更进一步探究发展之于具身认知基本属性与边界条件的影响。这体现为具身认知的年龄特征。所谓具身认知的年龄特征，是指把认知的具身性视为一个可多模式实现的连续体，认知随着身体在生命周期中的发展、衰退而呈现出年龄相关的具身性程度强弱差异、具身性方式发展变化，既包括特定年龄段的具身认知特点，又包括毕生的具身认知发展规律及其可塑性。由此，与年龄相关的边界条件，也即是指，发生某一具身效应所应满足的年龄相关的发展条件。毕生发展观视角下的考察有利于形成一个年龄特征框架，这对于推进对具身认知基本属性的理解、明确具身认知的边界条件无疑是有益的。就其必要性而言，一方面，人是毕生发展的，人的身体感知运动、认知能力都是毕生发展变化的，需要一个毕生发展的视角去把握个体认知的发展变化。另一方面，当前多数具身认知理论的发展或验证都是基于成年人的。由于他们的认知能力、感知运动能力都是相对稳定，而生命连续体的两个极端（儿童期、老年期）则表现出认知的易变、脆弱等，因而仅基于成年人的考察是不完整、不具有代表性而值得怀疑的。同时，通过研究感觉运动体验之于语言与概念处理等认知过程毕生发展轨迹的塑造，毕生发展观视角似乎有可能对这些问题提供新的见解。①

第一节 具身认知与发展

对于具身认知基本属性及边界条件的考察，何以要探究具身认知的年龄特征，或言毕生发展观何以成为一个必要的理论视角？这可以从人的毕生发展、年龄尺度上身体与认知的共变、具身理论对年龄差异的无视及具身认知的现实需要等四个层面来讨论。

首先，一个毕生发展前提：人是毕生发展的，对人的具身认知的考察需要一个毕生发展观视角。② 基于毕生发展心理学的观点，这可以从以下五个层面去讨论、阐释。第一，个体的发展是毕生的。个体的生理发展、心理成长、行为转换等并不限于某一年龄阶段，也不因某一事件的发生或某种能力的获得而完成、结束。它拓展、贯穿到个体的整个生命历程中，且在生命历程的各年龄阶段均展现出特定的核心发展问题、变化趋势等。第二，毕生发展的过程是持续绵延的。个体的成长与发展并不因年龄的划分或发展水平的差异而间断或停滞或封闭，它是一个持续的过程、绵延的连续体。在这一毕生发展历程中，各年龄段的核心发展问题既受前一阶段的影响，又影响着后一阶段的发展水平，展现出一种相互影响、叠加绵延的持续生命历程。第三，发展的方向是不一的。发展并不必然是提升或增长，它伴随获得与消退，在不同年龄、不同心理能力上表现为多个不一致的方向进程。既有着以年龄差异为标志的向前提升及能力获得，也有着向后衰退及能力损失，同样还有着短暂驻足的相对稳定。第四，发展受多重因素影响，是可塑造的。某一年龄阶段内，心理的提升或衰退、能力的获得或下降并不是必然的。它受文化观念、个体习惯、生活环境等多种因素影响，

---

① Wellsby M, Pexman P M. Developing embodied cognition: insights from children's concepts and language processing [J]. Frontiers in Psychology, 2014, 5: 506.

② Jonna L, Markus R, Rouwen C B. A Lifespan Perspective on Embodied Cognition [J]. Frontiers in Psychology, 2016, 7 (373): 845.

可有效控制这些因素而在一定范围内塑造发展。例如，增加运动可有效延缓老年认知水平的下降。第五，毕生发展的过程是有着年龄差异的，每一年龄阶段展现出不同的核心发展问题、发展水平等。由此，具身认知作为人类认知或心理的一种，作为生理或心理的功能，是普遍的毕生心理发展中的一个具体示例，其应该被理解为毕生持续发展的。换言之，在理论层面，可以套用上述对人类毕生发展规律的讨论，来进一步分析具身认知的毕生发展。也即，具身认知应该被理解为毕生发展的、持续绵延的、发展方向不一的、受多因素影响而可塑的、有年龄差异的等。由此，对于其基本属性问题的理解就需要一个毕生发展的视角，也需要去探究毕生发展规律、年龄特征、可塑性等。简言之，更全面地把握具身认知，有必要把具身认知视为一个多模式的连续体（continuum）[1]，在其毕生发展历程中探究年龄相关的具身性程度、方式差异。

其次，一个共变的现实基础：年龄尺度上身体与认知共变，其与具身认知的核心理念相吻合。这可以从递进的两个方面来理解：一方面，从发展的视角看，身体的发育与认知能力的获得或消退是紧密相关的，可以被认为是共变的。[2] 例如，皮亚杰关于儿童认知发展的研究就曾指出，儿童认知能力的发展主要源于身体感知运动能力的提升。又如，老年身体肌肉、骨骼质量下降及其带来的反应偏慢、运动能力弱化等通常伴随着工作记忆、认知加工速度等的下降。[3] 简言之，有充分的证据表明个体的身体变化与认知发展在特定年龄范围内是共变的。另一方面，身体—认知共变的现实基础蕴含着特定的理论需求，且与具身认知理论相符。一般而言，具身认知理论的一个核心共识是：身体是认知发生的构成性因素，而认知发生也依

---

[1] Wellsby M, Pexman P M. Developing embodied cognition: insights from children's concepts and language processing [J]. Frontiers in Psychology, 2014, 5: 506.

[2] Roberts K L, Allen H A. Perception and Cognition in the Ageing Brain: A Brief Review of the Short-and Long-Term Links between Perceptual and Cognitive Decline [J]. Frontiers in Aging Neuroscience, 2016, 8: 39.

[3] Costello M C, Bloesch E K. Are Older Adults Less Embodied? A Review of Age Effects through the Lens of Embodied Cognition [J]. Frontiers in Psychology, 2017, 8 (657508): 267.

赖于身体的感知运动经验。这意味着身体感知运动能力的变化将影响认知能力的发展或消退,二者是共生的。在这个共生的意义上,可以认为身体—认知共变的现实与具身认知理论的主张是相吻合的。也即意味着,毕生发展观视角下探究具身认知是可行的、必要的。值得注意的是,并不清楚共变的方向是否必然一致,身体变化对认知影响的程度也还并不清楚、也并未全然把握。这就关乎到了具身性程度的问题,这就需要在共变基础上考察具身认知的年龄特征。

再次,最为重要的一个原因是理论发展的需要:当前具身认知研究大多是集中在青年成人层面展开的,若把其结论一概而论地推及、拓展到生命全程的各个阶段,可能会忽视边界条件而过度一般化、过度解释的风险[1],可能会掩盖具身认知的年龄差异,不利于对其基本特征的把握。就目前研究现状而言,尽管概念知识似乎很可能从婴儿期开始就是以环境为基础的,是伴随着感觉运动的相互作用而不断形成的,但鲜有研究整合具身认知研究与发展心理学研究以在毕生发展视域内解释认知与身体经验之间的关系。[2][3]一种较为常见的选择是,以青年个体为主要人群取向。一般而言,青年个体的身体发育趋于成熟、认知能力趋于稳定,有利于形成一个相对稳定、可控的实验条件去探究具身认知。但人是毕生发展的,既有着成长也有着消退,其并不限于某一年龄阶段,也不因某种能力的固着而停止。部分学者就曾指出感觉运动表征可能在不同的发展阶段扮演不同的角色。[4] 由此,仅基于青年成人的研究结论并不能全然代表毕生发展过程中具身认知的发展变化,更不利于形成一个有效解读认知具身性的毕生解释框架。相比于青年成人阶段的认知稳定,生命周期的两个极端——儿童与老

---

[1] Jonna L, Markus R, Rouwen C B. A Lifespan Perspective on Embodied Cognition [J]. Frontiers in Psychology, 2016, 7 (373): 845.

[2] Wellsby M, Pexman P M. Developing embodied cognition: insights from children's concepts and language processing [J]. Frontiers in Psychology, 2014, 5: 506.

[3] Carl Gabbard. The role of mental simulation in embodied cognition [J]. Early Child Development & Care, 2013, 183 (5): 643-650.

[4] Wellsby M, Pexman P M. Developing embodied cognition: insights from children's concepts and language processing [J]. Frontiers in Psychology, 2014, 5: 506.

年阶段更具发展的意蕴，其认知更具变动性、灵活性，也更脆弱。例如，儿童期伴随着机体各方面能力的增长，而老年期则伴随着各方面的下降等。这就为全面探索或把握具身认知效应的发生、发展、变化提供了一个独特的人群取向。简言之，仅基于青年成人的具身认知探究，其研究结论的代表性、解释力是值得怀疑的。更综合地理解具身认知，更全面地把握认知具身性的基本特征，更明确地把握具身认知发生、发展的边界条件，有必要从毕生发展的视角在生命全程的各年龄群体中去考察具身认知的发展变化。

最后，一种理论应用的需要：毕生发展观视角下探究具身认知的年龄特征有着现实的需求。具身认知是理论思辨的，也是实验实证的，但更是应用的。它需要回应毕生发展过程中的现实问题、现实需求，尤其是具身认知紧密相关的教育问题、临床医疗问题等。就教育问题而言，具身认知的泛化使得很多学者强调学习的具身性问题，这就要求把握具身性认知的发生条件、发展变化特征等。例如，身体感知觉运动体验并不总是有益于儿童的概念学习，甚至会抑制概念的获得。[1] 这就需要一种直面问题的更精细化、精准化的研究理路去把握认知具身性的边界条件。就临床问题而言，对老年阶段具身性程度的把握影响着老年人认知提升策略。例如，如果老年认知对于感知觉依赖很强，就需要着重于加强感知运动来减缓认知衰老。而如果是对于概念表征更为依赖，则需要着重于语言社交等减缓认知衰老。由此，面对人的毕生发展需要，对具身认知边界条件的把握，有必要考察其年龄差异、可塑性等。

综上所言，一方面，人的认知的发展是毕生的，对边界条件的考察需要一个毕生发展观视角去考察具身认知；而身体与认知在年龄尺度上的共变又符合于具身认知理论，这使得毕生的视角是可行的。另一方面，毕生的发展使得当前仅基于青年成人的具身认知研究在生命全程中的代表性、

---

[1] Tare M, Chiong C, Ganea P, et al. Less is More: How manipulative features affect children's learning from picture books [J]. Journal of Applied Developmental Psychology, 2010, 31 (5): 395-400.

解释力值得怀疑。这使得具身认知的年龄特征问题成为探究边界条件过程中一个必要问题，即，对边界条件的考察有必要在生命全程的各年龄群体中去考察具身认知的毕生规律、年龄特征、可塑性等。同时，具身视角下综合考察身体和认知发展可能更有益于解释认知机制。毕竟婴儿或老年体验到的东西与成年人的经历有很大的不同，而人类也在一个剧烈变化的时期获得或消退概念。随着身体的变化，例如，手臂更长、步行开始等同样重要特征的身体媒介信息均可作为概念基础以建构、形成概念[①]。由此，对于不同年龄特征的把握也就更能全面地展现具身认知的基本属性及边界条件。

可以认为，对于具身认知基本属性、边界条件的把握，从一个毕生发展的视角探究具身认知的年龄差异是必要的、可行的、有益的。

第二节　何以考察年龄特征

既然年龄特征的考察是一个必要维度，那么何以考察具身认知的年龄特征，或言如何研究、把握、理解具身认知的年龄特征就成为首要面对的问题。这既需要一个概念以明确界定具身认知年龄特征的考察范围、内容取向等，又需要基于概念给出判断的标准、方法的选择等。

第一，需要界定具身认知的年龄特征，以给出一个判断程度强弱的标准。所谓具身认知的年龄特征，是指把认知的具身性视为一个可多模式实现的连续体，认知随着身体在生命周期中的发展、衰退而呈现出年龄相关的具身性程度强弱差异、具身性方式发展变化。其既包括特定年龄段的具身认知特点，又包括毕生的具身认知发展规律及其可塑性。具体而论，首先，基于前章对具身认知物理生理属性的讨论及上述所言的毕生发展规律，可以把具身认知理解为可多模式实现的连续体。一方面，具身效应的实现

---

① Serge T, Twomey K E. What's on the Inside Counts: A Grounded Account of Concept Acquisition and Development [J]. Front Psychol, 2016, 7 (214): 402.

方式是多样的。基于物理生理属性所论，同一认知可能有着不同的身体感知觉运动通道，而同一身体感知觉运动经验也可能对应着不同的认知概念成分。这就意味着，具身效应的实现方式是多样的、可变的。在毕生发展视角下，随着身体及认知的共生、共变，更进一步支持了具身效应实现方式的多样变化。另一方面，基于认知的毕生发展及其绵延性，可以把具身认知理解为一个连续体。部分学者就曾论述过类似的将具身—离身视为一个连续体的观点。① 从连续体的视角看，具身性并非永恒不变的属性特质，也并不是所谓温和、激进具身观对具身强、弱的截然二分。相反，依据认知对身体依赖程度的差异变化，可以把其视为一种具有程度差异的连续变化的特质。同时，一个阶段的具身性受上一阶段的影响又影响下一阶段。其次，这一连续体是年龄相关的、毕生发展变化的。具身的程度、方式取决于身体在认知过程中的作用方式、作用程度，因而身体、认知的毕生发展属性及其在年龄尺度上的共变决定了具身的程度、方式是年龄相关的、毕生发展的。可以认为，每一年龄阶段都是有差异的，而这种差异的变化则持续在整个生命历程中。同时，年龄特征还意味着某种随年龄而变化的毕生发展规律，而其变化本身则表明了具身认知的发生是有边界条件的、可塑的。

同时，基于对具身认知年龄特征的界定，年龄相关的边界条件可以被认为是，生成具身效应或发生具身认知所应满足的年龄相关的发展条件。

第二，把具身性看作一个连续体而考察其随年龄增长而呈现的程度变化，需要一个区分程度强弱的标准。就此而言，基于具身认知理论核心理念——身体之于认知的构成性作用，身体作用的发挥程度，或认知对于身体的依赖程度可以被认为是判断具身性强弱的关键因素之一。另一方面，虽然具身认知颇受青睐，但目前仍不能否定抽象符号表征的作用，或言对身体的强调并不能否定认知中的抽象符号表征。即，认知对于概念表征的

---

① Wellsby M, Pexman P M. Developing Embodied Cognition: insights from children's concepts and language processing [J]. Frontiers in Psychology, 2014, 5: 506.

依赖程度也可被视为是判断具身性强弱的因素。由此,可以依据认知对于身体、抽象符号表征的依赖程度的差异判断具身性的强弱。

第三,对于年龄特征、年龄相关的边界条件的考察,还需要确定相应的年龄段及各年龄段的核心问题。身体及认知发展虽是毕生的、持续的,但会在某一特定的年龄段展现出相对稳定的特征。这就意味着,没有必要针对每一个年龄逐个考察其具身程度的差异,而只需依据核心发展问题的相似性或相对稳定突出的发展特征等划分出若干年龄段,而这一年龄段内突出的问题则成为考察的主要对象。具体到年龄阶段的划分与原则,可借鉴、沿用部分学者探究具身认知的毕生发展规律时年龄阶段的选择,即只比较儿童与老年。[1] 其二者处于生命全程的两个极端:儿童期伴随着各方面增长,而老年期伴随着各方面下降等。相比于青年成人阶段的稳定,该两个阶段更具发展意蕴(成长或衰退),更为易变、灵活、脆弱等,更有益于探索具身认知随年龄增长而产生的程度变化。因此,儿童与老年阶段将是考察的重点。进一步而言,儿童主要表现为身体的成长、认知的获得、语言的学习等,而老年主要表现为身体的衰弱、认知的消退等。因此,对于儿童期,主要考察身体感知运动体验对于儿童认知获得、语言学习的作用方式、影响程度,而对于老年期,主要考察认知衰退过程对于身体感知运动的依赖方式、程度。

综言之,具身认知的年龄特征可以被认为是,认知随着身体在生命周期中的发展、衰退而呈现出的年龄相关的具身程度、方式差异。而对年龄特征的考察,既需要一个判断标准:各年龄段内认知对于身体、语言概念表征的依赖程度,又需要明确阶段:儿童或老年;还需要确定各阶段内的核心问题:成长或衰退。进一步而言,年龄特征还可延伸出大致的毕生发展规律及其可塑性等。其中,年龄特征是核心(是把握毕生发展规律、可塑性的方向或基础),推进对认知具身性的理解,而可塑性更具有临床学或

---

[1] Jonna L, Markus R, Rouwen C B. A Lifespan Perspective on Embodied Cognition [J]. Frontiers in Psychology, 2016, 7 (373): 845.

教育学意义，如改善老年认知、提升儿童学习效率等。

第三节　具身认知的年龄特征

如前所述，认知发展在某一特定的年龄段展现出相对稳定的特征，对于其年龄特征的把握可依据这种年龄段内的相对稳定性分段考察。就年龄段的划分而言，相比于青年期的稳定，处于生命周期极端的儿童与老年期更具变动性、灵活性，也更有发展的意蕴，这就为把握具身认知的年龄特征及其所反映出的边界条件提供了独特的人群取向。对于儿童期，身体感知运动体验对于儿童认知获得、语言学习既有建构又有抑制，总体表现为有条件的具身趋强态势；而对于老年期，主要表现为有条件的具身趋弱态势，既有弱具身趋势又存在着强具身效应。

一、儿童期

对于儿童期具身认知年龄特征的考察，将主要探究儿童身体感知运动经验及其发展变化对于其概念学习、语言过程的影响程度。这样的选择源于两个方面：第一，儿童期伴随着身体与认知各方面的成长与获得，而概念、语言学习等则成为发展的主要任务。第二，尽管可以探究儿童认知发展的许多方面，但语言、概念一直是各具身认知理论争论的焦点。[1] 相当一部分学者就曾借此两方面探究儿童具身认知问题。[2] 由此，有必要适当地限制讨论范围、重点关注儿童语言和概念处理的研究，以更有针对性、操作性地展开探究。

总体上，就儿童的身体感知运动体验之于其概念学习、语言过程的作用而言，源于儿童期身体发展的基本特征，主要表现为有条件的作用趋强

---

[1] Zwaan R A. Embodiment and language comprehension: reframing the discussion [J]. Trends in Cognitive Sciences, 2014, 18 (5): 229-234.

[2] Wellsby M, Pexman P M. Developing embodied cognition: insights from children's concepts and language processing [J]. Frontiers in Psychology, 2014, 5: 506.

态势。一般意义上，儿童期的总特点表现为：身体组织、感知觉器官迅速发育，力量等身体素质、活动能力迅速提高，认知、人格等心理逐步成长。进言之，身体层面的变化直接促成儿童感知觉运动方式的改变、能力的提升，影响着儿童感知运动经验的持续生成、积累。[①] 所谓感知觉运动经验，此处可界定为，儿童直接作用于物体或观察到他人作用于物体的行动经验，包括视觉、触觉、听觉、本体感受等。[②] 这样持续生成、积累的感知觉运动经验直接作用于儿童的概念学习、语言过程。一方面，尽管有着从完全的以感知运动为基础的认知，到出现部分性的抽象概念表征基础的认知变化[③]，但感知运动依然是构成表征的一部分，积极塑造着儿童的概念学习、语言过程。另一方面，并不是所有的感知觉运动经验都是可以被纳入概念表征的、都是促进学习的，存在着抑制的现象。可以认为：儿童期的具身认知表现为有条件的趋强态势。

建构作用

儿童感知觉运动经验构成概念表征的一部分，塑造着儿童的概念学习、语言加工水平等。在这里有必要指出，对于感知运动经验之于儿童认知的建构作用的考察，很大程度上源于皮亚杰的经典认知研究，其强调了幼儿感知觉运动之于学习、认知发展的基础性作用。随着新研究对这一观念的推进，一个较为普遍的共识是：幼儿主要通过与外部环境交互的感知觉运动获取信息，并发展出一个表征系统[④]，从而促进了后续儿童期的具身学习。例如，相关研究表明，幼儿期行动能力、探索行为等的提高与后期学

---

① Kretch K S, Franchak J M, Adolph K E. Crawling and walking infants see the world differently [J]. Child Development, 2014, 85 (4): 1503-1518.

② Wellsby M, Pexman P M. Developing embodied cognition: insights from children's concepts and language processing [J]. Frontiers in Psychology, 2014, 5: 506.

③ Serge T, Twomey K E. What's on the Inside Counts: A Grounded Account of Concept Acquisition and Development: [J]. Front Psychol, 2016, 7 (214): 402.

④ Meltzoff A N. Towards a developmental cognitive science. The implications of cross-modal matching and imitation for the development of representation and memory in infancy [J]. Annals of the New York Academy of Sciences, 2010, 608 (1): 1-37.

业成绩的提升显著相关。① 这意味着幼儿早期的具身经验有益于儿童的概念、语言学习等。这种幼儿早期的具身认知在最初始的发展层面奠定了儿童期身体感知运动之于认知塑造作用的基础。进一步，这种身体感知运动经验的塑造、建构作用可以分别从概念学习、语言过程两个方面论证。

在概念学习层面，依据米歇尔·威尔斯比（Michele Wellsby）和彭尼·M. 佩克斯曼（Penny M. Pexman）的综述研究②，儿童感知觉运动经验在名词概念表征与分类、动词意义理解、形容词属性获得等三个方面起着积极的建构作用。

第一，名词分类学习中，儿童依据自身的感知觉运动经验建构概念表征，而感知觉运动的方式也可作为概念表征的一部分影响表征方式。一方面，儿童既主要依赖简单的触、视、听等感知运动获得关于物体的信息，又通过积极操作物体、探索环境以理解物体的功能、操作方式等。③ 二者的结合不仅能使儿童更容易地辨别物体，还能促其联合多种感知运动经验最终表征物体。另一方面，儿童操作物体或作用于物体的方式决定了特定形式的感知运动经验的获得并形成相应的心理表征，进而影响对同类物体的判断、识别、分类、理解。因而，这种方式也构成表征的一部分被纳入对物体的概念化中。有学者关于儿童词汇学习的系列研究就证实了这一论断。④ 同时，有关分类学习的研究发现，儿童对物体空间位置的视觉经验影响物体识别、词汇学习，而儿童的身体姿势（坐或站）也在这一过程中发

---

① Bornstein M H, Hahn C S, Suwalsky J T D. Physically Developed and Exploratory Young Infants Contribute to Their Own Long-Term Academic Achievement [J]. Psychological Science, 2013, 24 (10): 1906-1917.

② Wellsby M, Pexman P M. Developing embodied cognition: insights from children's concepts and language processing [J]. Frontiers in Psychology, 2014, 5: 506.

③ Smith L B. It's all connected: Pathways in visual object recognition and early noun learning [J]. American Psychologist, 2013, 68 (8): 618-629.

④ Smith L B. Action alters shape categories [J]. Cognitive Science, 2005, 29 (4): 665-679.

挥作用。① 这在某种程度上表明，感知觉表征及身体姿势的本体感觉信息均被包括在分类学习、物体识别中。简言之，儿童的感知觉运动经验及其方式直接建构概念表征，影响着概念的分类学习等。

第二，在动词意义理解中，儿童的感知运动或动作在很大程度上承载了对应动词的意义，而其对动词的理解则根植于对应的感知觉运动经验。② 一方面，儿童诸如"打""拿""敲"某物体的具体行动、动作蕴含着相应动词的意义，而对这类可被实际观察的动词的理解就依赖于具体的感知运动经验。另一方面，对于"帮助""咨询""爱"等抽象动词（不限于某一特定行为动作的词）而言，部分身体行为（如，展示爱慕的行为）蕴含着对应的情绪信息，儿童依据该类感知运动经验理解抽象动词负载的情绪信息，从而学习掌握抽象动词。另外，相关实验研究表明，相比于被动观察行为以学习动词，自我展示或表现该行为的学习效果更好。③ 这也从侧面证明，儿童对动词的学习有赖于其与环境交互中的感知觉运动经验。

第三，在形容词属性获得中，有研究表明，儿童间接的感知觉运动经验仍有利于情境性地理解形容词意义。研究者对比指向性手势和描述性手势教授新形容词的效果，其研究发现，描述性手势作为一种线索使得儿童专注于物体的某一特性，从而得以间接获得关于物体的触觉信息，最终促进儿童情境性地理解、学习形容词的意义。④ 简言之，有足够的证据表明，儿童的感知觉运动经验是其概念表征的主要组成部分，支撑着概念分类、词汇学习、意义理解等。进言之，概念的学习与语言的获得是分不开的，

---

① Smith, L. B., and Samuelson, L. "Objects in space and mind: from reaching to words," in Thinking Through Space: Spatial Foundations of Language and Cognition [M] K. Mix, L. B. Smith & M. Gasser Eds. Oxford: Oxford University, 2010.

② Glenberg A M, Gallese V. Action-based language: A theory of language acquisition, comprehension, and production [J]. Cortex, 2012, 48 (7): 905-922.

③ James K H, Swain S N. Only self-generated actions create sensori-motor systems in the developing brain [J]. Developmental Science, 2011, 14 (4): 673-678.

④ Daniela K. O'Neill, Jane Topolovec, Wilma Stern-Cavalcante. Feeling Sponginess: The Importance of Descriptive Gestures in 2-and 3-Year-Old Children's Acquisition of Adjectives [J]. Journal of Cognition & Development, 2002, 3 (3): 243-277.

因此儿童感知运动经验在建构概念表征的同时也影响语言的过程。

在语言处理层面,感知运动经验对儿童语言过程的塑造或影响可分为两个层面:当前直接的感知运动体验与先前过往的感知运动经验。第一,直接感知运动体验加速儿童的阅读理解。部分研究发现,儿童操作物体或与物体互动以表征阅读中的故事信息时,能够强化其获得的概念知识,促进语言理解。[1] 这在很大程度上是源于,儿童操作物体的活动能够把句子中的语义或语法信息、把故事中的概念等还原或置于具体的感知行动体验中。可以认为,联结书面语与直接的感知运动体验,可有效提高儿童阅读理解的速度、自动化等。第二,先前感知运动经验的积累能够提升儿童的语言加工水平。一方面,发展心理学已经在被动听、词汇命名等任务中验证了儿童语言过程中感知运动经验的离线效应。[2] 例如,部分学者基于4~5岁儿童的研究发现,表示行动意义的词汇会激活脑中相应的运动区[3],表明感知运动经验与语言过程是相联系的。另一方面,当儿童形成了合理的词汇系统且对于词汇指称有足够的感知运动经验时,他们会运用先前的感知运动经验以促进词汇阅读。例如,有学者对于大龄儿童(具有一定的过往感知运动经验)的语言理解研究发现,身体与词汇所指内容较易于互动时,该类词汇能激活更丰富的语义表征,从而能被更快、更准确地再认。[4] 这意味着,儿童的语言处理根植于感知运动经验,而其感知运动经验的积累也有利于提升语言理解水平。

综言之,从幼儿早期开始,感知运动经验便能有效作用于个体的认知形成,促进后续儿童期的认知发展,而在儿童期,身体感知运动经验进一步直接塑造儿童的概念学习、加速儿童的语言处理等。可以认为,儿童期

---

[1] Glenberg A M, Goldberg A B, Zhu X. Improving early reading comprehension using embodied CAI [J]. Instructional Science, 2011, 39 (1): 27-39.

[2] Wellsby M, Pexman P M. Developing embodied cognition: insights from children's concepts and language processing [J]. Frontiers in Psychology, 2014, 5: 506.

[3] James K H, Maouene J. Auditory verb perception recruits motor systems in the developing brain: an fMRI investigation [J]. Developmental Science, 2009, 12 (6): F26-F34.

[4] Wellsby M, Pexman P M. Developing embodied cognition: insights from children's concepts and language processing [J]. Frontiers in Psychology, 2014, 5: 506.

的感知运动经验之于儿童认知有着直接的建构作用。然而，这种建构作用是无条件发生的、亘古不变的还是有着变异的情况？例如，儿童的身体感知运动与概念学习等均是多样、易变的，当二者不兼容、不匹配时，是否依然会起到积极作用？这便构成了对其可能的抑制效应的追问与考察。

抑制效应

感知运动经验之于儿童学习的抑制效应。尽管有足够的证据表明，儿童的感知觉运动体验/经验直接构成其概念表征，直接促进概念学习、语言加工水平等，但感知运动体验并非总是有利于概念、词汇学习的[1]，而其是否总是能构成表征也是值得怀疑的。

有足够的实验证据表明，存在着感知运动对概念学习的抑制效应，即儿童的感知运动体验阻碍其词汇学习、语言加工等。这可以从两个方面讨论，其一，儿童与物体的直接互动体验也许并不总是促进词汇学习，特别是当获得的感知运动信息与需要学习的词汇信息不匹配时。例如，有学者曾研究儿童（20 个月）对物体的操作如何影响画册中动物名称的学习，其研究发现，阅读画册时伴随操作特性的学生其学习效果最差。[2] 这至少在一定程度上表明，存在着感知互动体验抑制词汇学习的可能。其二，儿童在与物体互动的过程中所获得的感知运动经验、信息并不是唯一的，各种感知经验是否总与词汇概念表征相关、是否总有利于语言学习是值得怀疑的。即使存在相关，不同的感知运动经验对于表征物体的影响程度、作用方向也是有差异的，甚至各感知运动经验之间可能相互抑制而不利于概念、语言的习得。一般而言，当获得的感知运动经验信息与要学习的概念紧密相关时，具身效应可能更凸显；而当无关时，已获得的感知运动经验信息可

---

[1] Tare M, Chiong C, Ganea P, et al. Less is More: How manipulative features affect children's learning from picture books [J]. Journal of Applied Developmental Psychology, 2010, 31 (5): 395-400.

[2] Tare M, Chiong C, Ganea P, et al. Less is More: How manipulative features affect children's learning from picture books [J]. Journal of Applied Developmental Psychology, 2010, 31 (5): 395-400.

能抑制或改变了实现概念学习而需要的那部分经验的获得,从而产生抑制概念学习的具身效应。例如,相关研究发现,当与物体交互获得的感知运动经验信息与物体名称不直接相关时,一味地操作物体以感知丰富刺激会阻碍儿童对物体名称的学习。[1] 这就直接证明了存在着感知运动经验之于认知的抑制效应。

简言之,儿童操作物体获得的感知运动经验可能抑制概念学习、语言处理等,即,存在着抑制性的具身效应。这意味着,并不仅仅是感知运动本身影响概念学习,感知经验与学习内容的匹配程度也影响着儿童的词汇学习。即,儿童的具身认知学习是有条件的,只有当要学的概念对象与体验相关或吻合时,才有正向的具身效应。

有条件的具身趋强

综上而论,儿童期表现出有条件的具身增强趋势,需要感知运动体验与目标内容的吻合方可促进具身学习。

具体而论,单就具身认知理论视角而言,儿童主要依靠感知运动经验建构概念表征,也许儿童任何操作物体的行为及其获得的感知运动信息都能够形成更为丰富的语义表征和具身化的建构认知。这种具身化建构,从幼儿期单纯的身体感知认知,到儿童期身体感知之于概念、语言处理的塑造,其作用逐步趋强,表现出明显的强具身效应。但从儿童发展的视角,基于儿童感知多变的特性细化审视之,如上所述,并非所有的感知运动信息都是有益于概念或词汇学习、语言处理的。这意味着,儿童具身学习的发生是有边界条件的,而这一边界条件可能是感知运动经验与目标对象的匹配程度。进一步而言,对于不同类型词汇的学习,不同类型的感知运动体验信息的重要性是有差异的。甚至,某种感知运动信息可能仅对某一特定类型的概念学习起作用。例如,对形容词词汇学习而言,功能性方面的

---

[1] Mcneil N M, Uttal D H, Jarvin L, et al. Should you show me the money? Concrete objects both hurt and help performance on mathematics problems [J]. Learning & Instruction, 2009, 19 (2): 171-184.

感知体验信息更有利；而名词学习中，形态方面的感知体验信息更重要。这在某种程度上意味着，意图通过操作物体以获得更好的学习效果时，应着重考虑具身性经验与所学内容之间的匹配程度。

综观儿童期身体发展之于儿童认知的影响，可以概括地认为，儿童期的具身认知是强具身的、有边界条件的。儿童期的感知觉运动经验结构性地影响着认知构成，不仅是概念表征的主要组成，而且可能促进、亦可能抑制概念学习与语言加工。而促进与抑制的分殊，便是具身认知发生的边界条件，也即：感知运动经验与目标对象的匹配程度。

二、老年期

对于老年期具身认知年龄特征的考察，将主要从概念加工、认知中所依赖的主要感知觉运动形式、特异模式的解离等三方面探究老年认知对于身体感知运动经验的依赖程度。这主要是基于两方面的考虑：其一，老年期伴随着身体、认知等各方面的大幅衰弱与消退，而语言、语义记忆等则相对保留，这种不对等的变化使得概念加工的影响因素、感知觉运动经验所占比重等发生重大转变。其二，尽管关于具身认知年龄特征的考察并不常见，但就仅有的研究而言，大多是基于老年期这一不对等变化而展开的，而概念加工、感知觉运动经验所占比重、特异模式的解离等也一直是各实证研究的关注焦点所在。由此，有必要从这三个方面展开讨论。

总体上，就老年期身体感知运动经验之于认知的作用而言，缘于老年期身体发展的基本特征，主要表现为有条件的作用趋弱态势。一般意义上，老年期的一个总特点是：身体组织、身体感知觉器官逐步衰老，力量等身体素质、活动能力逐步弱化。这直接促成老年所依赖的主要感知觉运动方式的改变、敏感度的下降，进而影响着个体新的感知运动经验的形成与过往经验的再运用等。虽并不能明确力证感知运动的弱化必然引起认知衰退，但二者仍呈现显著相关。一方面，老年认知对于感知运动经验（包括当前的和过往的）的依赖程度逐步弱化，呈现弱具身趋势。另一方面，并不是所有的老年认知情境都是向着弱具身方向发展的，存在具身效应更显著的现象。可以认为：老年期的具身认知表现为有条件的趋弱态势。

弱具身趋势

老年期认知对于感知运动经验的依赖逐步减少，对于语义信息的依赖逐步增多，呈现出显著的弱具身趋势。受老年期身体逐步衰弱、大脑衰老的影响，认知本身也在发生变化。老年人在认知处理速度、注意力、执行能力以及情景记忆的自由回忆[1]等多个方面均表现出大幅度下降的现象，而感知运动经验的获得也更难更单一[2]。相反，语义信息的积累则相对广泛而厚重，其在语言、语义记忆、自主注意力或记忆等方面的能力则仍然保留。[3] 这使得老年概念表征结构中的语义因素占据更大比重。例如，有学者指出，多项研究已发现在衰老过程中个体保留甚至增强了语义记忆。[4] 这种不对等的变化直接促成了认知表征中各构成因素比重的反转，使得老年期的具身效应逐步弱化。进一步说，这种弱化趋势可以分别从概念加工、认知判断中所依赖的主要感知觉运动形式、特异模式的解离等二个方面来论证。

第一，在概念加工层面，具体概念的内容优势效应（concreteness effect）趋减[5]，反映出具身趋弱态势。所谓内容优势效应，主要指相比于抽象概念，具有实体内容指向的概念其认知加工（识别、记忆、运用等）效率更高。[6] 对于老年，抽象概念、具体概念下降轨迹的不同使得这种内容

---

[1] Danckert S L, Craik F I M. Does aging affect recall more than recognition memory? [J]. Psychology & Aging, 2013, 28 (4): 902.

[2] Vallet G T. Embodied cognition of aging [J]. Frontiers in Psychology, 2015, 6, 463.

[3] Riddle D R. Changes in Cognitive Function in Human Aging-Brain Aging: Models, Methods, and Mechanisms [J]. 2007.

[4] Vallet G T, Hudon C, Bier N, et al. A SEMantic and EPisodic Memory Test (SEMEP) Developed within the Embodied Cognition Framework: Application to Normal Aging, Alzheimer's Disease and Semantic Dementia [J]. Front Psychol, 2017, 8: 1493.

[5] Borghi A M, Setti A. Abstract Concepts and Aging: An Embodied and Grounded Perspective [J]. Frontiers in Psychology, 2017, 8: 430.

[6] Borghi A M, Setti A. Abstract Concepts and Aging: An Embodied and Grounded Perspective [J]. Frontiers in Psychology, 2017; 8: 430.

优势效应发生改变。具体而论，具体概念主要依靠感知运动经验表征，而感知运动随年龄增长而弱化，因而其下降速度快、幅度大；抽象概念在感知觉表征之外更主要的是由语言或语义表征，而语言、语义、词汇能力随年龄增长而被保留，因而其衰退迹象并不显著。二者随年龄增长而呈现出的衰退轨迹差异，能在一定程度上逆转或抵消认知处理水平差异，即内容优势随年龄增长而趋于弱化。部分学者关于词汇再认水平的年龄特征研究验证了这一趋势。① 例如，在单词再认任务中，具体词汇的再认水平随年龄逐渐下降，而抽象词汇的再认水平仅在青年至中年年龄段下降，而在中年至老年年龄段并不显著下降。② 这反映出，老年时期的内容优势效应趋于减少。值得注意的是，老年期内容优势效应并不必然消失。例如，有学者以词汇抉择范式（lexical decision paradigm）为主的研究发现了老年个体的内容优势效应。③ 可以从两方面来看待这种矛盾的研究结论，一方面，仅仅就这一结论而言，这可能表明老年与青年的具身认知程度并无差异。另一方面，尽管均有着内容优势效应，但二者概念加工过程中的脑神经基础并不一样：老年人的抽象词汇加工激活了更多的语义和视觉脑区。这意味着，在词汇等认知加工过程中，老年个体可能会调用语义或视觉机制以补偿（compensate）日益衰退的感知运动经验。这种补偿的发生，其本身就体现了身体性因素的弱化（具身弱化）的事实。由此可以认为，具体概念内容优势效应的趋减抑或潜在的补偿机制均可反映出老年期具身趋弱的倾向。同时，这里所言的视觉补偿机制在某种程度上凸显了老年期主要依赖视觉经验的趋势。

第二，老年所依赖的主要感知觉运动形式层面，视觉趋于主导，躯体

---

① Peters J, Daum I. Differential effects of normal aging on recollection of concrete and abstract words [J]. Neuropsychology, 2008, 22 (2): 255-261.

② Borghi A M, Setti A. Abstract Concepts and Aging: An Embodied and Grounded Perspective. Frontiers in Psychology. 2017; 8: 430.

③ Roxbury T, McMahon K, Coulthard A, Copland D A. An fMRI study of concreteness effects during spoken word recognition in aging. Preservation or Attenuation? [J]. Frontiers in Aging Neuroscience. 2016, 7:240.

感知运动因素逐步弱化，反映出具身趋弱态势。一般而言，具身表征的形成既需要外源性的视觉、触觉等感知运动信息，又需要内源性的本体感受、前庭信息，并依靠信息品质、认知任务的不同而被赋予不同的权重。其中，视觉信息虽具有优先性，但在形成具身表征的过程中依然会被其他感知运动或内源性信息所平衡。而对于老年，身体机能、感知运动能力等大幅衰退使得内源性信息、身体感知运动信息随年龄增长的下降幅度大，且不易被修正；而外源性的视觉信息虽同样随年龄增长而下降，但幅度小，且容易修正。这就使得视觉信息相比于其他类型的信息更易得、更可靠、更稳定，因而可能在认知处理中被赋予更大的权重，也更易被优先处理。即，老年个体可能更倾向于或自动默认选择依靠视觉信息形成表征或认知。有学者回顾有关感知觉处理、心理表征、行动—感知关系等随年龄增长而发生变化的研究，在很大程度上验证了这种推论。[1] 即，相比于青年，老年更多地依靠视觉信息进行认知处理而弱化触觉、感知运动等身体性因素的影响。例如，老年倾向于以视觉为主导整合多元感知觉信息[2]，倾向于激活更多的视觉加工区域去实现行为预测[3]，主要依赖视觉而非躯体感知信息以完成视—动操作任务[4]。同时，有研究表明，行动或工具使用并不会改变空间表征[5]，意味着老年期身体感知觉运动比重的弱化，也间接反映出弱化的具身趋势。尽管上述实验有着认知任务、情境等差异，但老年个体的认知处理仍然呈现出相对一致性：更多依赖更稳定、可靠的视觉信息输入而更少顾及内源性或身体感知运动信息。这使得视觉趋于主导，而身体感知运动

---

[1] Costello M C, Bloesch E K. Are Older Adults Less Embodied? A Review of Age Effects through the Lens of Embodied Cognition [J]. Frontiers in Psychology, 2017, 8 (657508): 267.

[2] Diaconescu A O, Hasher L, Mcintosh A R. Visual dominance and multisensory integration changes with age [J]. Neuroimage, 2013, 65 (1): 152-166.

[3] Diersch N, Jones A L, Cross E S. The timing and precision of action prediction in the aging brain [J]. Human Brain Mapping, 2016, 37 (1): 54-66.

[4] Heuer H, Hegele M. Age-related variations of visuo-motor adaptation beyond explicit knowledge [J]. Frontiers in Aging Neuroscience, 2014, 6 (8): 192.

[5] Costello M C, Bloesch E K, Davoli C C, et al. Spatial representations in older adults are not modified by action: Evidence from tool use [J]. Psychology & Aging, 2015, 30 (3): 656.

性因素趋于弱化。值得注意的是，决定这一趋势的不是视觉固有的某种认知属性，而是信息或感知觉信号品质的相对反转。当视觉受同样程度的破坏时，其也不能发挥主导作用。例如，巴林特综合征（Balint Syndrome）患者的听觉信息更具有优先性。这意味着，对于老年个体而言，主要是躯体层面的衰老降低了感知运动体验信息的品质而逐步丧失了其对认知的影响力，从而表现出弱具身的倾向。同时，此处身体性因素的弱化与上述内容优势效应趋弱现象的发生，可能还在于内在认知加工机制层面特异化模式的逐步解离。

第三，在特异模式层面，特异的感觉—认知—行动模式逐步解离、解耦，更为分布。基于前章物理生理属性的讨论可知，具身认知的发生，有一个行动特异化、功能特异化、多模式的神经基础。即，一种刺激与特定脑区耦合形成相应的知觉模式独立存储，且每一脑区有着特定的功能只针对特定的知觉信息起作用，而多个特异化的感觉—认知—行动的有效整合则是认知具身化的保证。但是，对于老年而言，一方面，脑区功能特异化随着年龄增长而消退，有着同质化或去分化、去差异的趋势；另一方面，去分化的同时伴随着附加脑区的激活、调用，逐步形成或适应更为广泛的皮质反应[①]。广泛的功能性激活与更慢更脆弱的行为表现这一混合模式预示着：脑区激活与行为表现之间的关系逐步弱化直至解离。[②] 换言之，原有的特异化的感觉—认知—行动模式在老年期逐步解离。相比于青年，老年面对不同类型的信息输入均有着更为广泛的脑区激活，有着趋于去分化的、相似的认知加工。尽管更广泛的脑区调用在某种程度上能够补偿、抵消功能特异化下降对认知的影响，但这一认知加工过程中的知觉符号或身体性因素却是趋减的，而语义语言等抽象性因素趋增，这就意味着具身性程度

[①] Costello M C, Bloesch E K. Are Older Adults Less Embodied? A Review of Age Effects through the Lens of Embodied Cognition [J]. Frontiers in Psychology, 2017, 8 (657508): 267.

[②] Diaz M T, Johnson M A, Burke D M, et al. Age-related differences in the neural bases of phonological and semantic processes [J]. Journal of Cognitive Neuroscience, 2014, 26 (12): 2798-2811.

的下降。由此可以认为，特异化减少、解离或解耦的发生在脑机制层面决定了老年认知具身程度趋弱的发展。

综言之，从反映在表层的概念加工过程中内容优势效应的趋减，到内在的老年对躯体感知运动因素依赖的逐步弱化，再到潜在机制层面的特异感觉—认知—行动模式的逐步解离，三者逐层深入，较为全面地反映出老年具身认知的弱化趋势。然而，这种弱化趋势是否必然发生还值得商榷。有部分研究已经得出了相反的结论，即老年期可能存在更强的具身效应。

强具身效应

尽管有足够的证据证明老年认知之于身体感知觉运动经验依赖的逐步弱化，但这种弱化并非必然导致具身认知效应的趋弱。换言之，老年期视觉主导的认知加工、补偿机制（伴随特异化减少）等并不必然引起认知对感知觉依赖程度的降低。

有足够的实验证据表明老年认知有着与青年个体相当程度甚至更高程度的具身性。例如，有学者曾在其论文的讨论部分指出，部分研究结论支持了老年具身效应的增强。[1] 具体而论，一方面，如上所述，老年认知加工由视觉主导，这就使得其完成认知任务时对于视觉信息的过度敏感、依赖成为可能，而视觉经验则是感知觉运动经验的一种具体形式。由此，在视觉主导的认知任务中就可能形成更强的具身效应。例如，关于距离判断的对比研究发现，相比于青年，老年对可视的环境阻碍更为敏感，其对距离判断更偏长。[2] 另一方面，如上所述的补偿机制并不尽然降低认知的具身程度。老年为了平衡机体下降而采用一定的补偿策略以调整自己的判断，反而可能造成一种感觉偏差，对明确体验到的感知信息赋予更多权重，从而

---

[1] Costello M C，Bloesch E K，Davoli C C，et al. Spatial representations in older adults are not modified by action：Evidence from tool use [J]. Psychology & Aging，2015，30（3）：656.

[2] Sugovic M，Witt J K. An older view on distance perception：older adults perceive walkable extents as farther [J]. Experimental Brain Research experiment Hirnforschung expérimentation Cérébrale，2013，226（3）：383-391.

依感知觉引导行动[①]，因而可能更具身。例如，相关实验发现，相比于青年，老者对穿过门径时身体偏转幅度的评估更偏大。同时，有学者指出，老年期躯体感知觉运动能力的弱化与认知下降显著相关[②]，且随着年龄的增长，感知觉与认知之间的联系可能更为紧密[③]。这在一定程度上导致认知对于感知觉运动经验依赖程度的更强，或保持与之前相当水平的依赖性。换言之，存在这样的一种可能，即老年人的概念、语言知识表征对感知觉特征的依赖程度与青年成人并无显著差异。如若如此，那么老年与青年个体具有同等程度的具身概念知识，也即意味着，至少在知识表征层面，老年认知的具身程度并没有明显的下降趋势。简言之，老年期依然有着保留同等程度甚至强化具身效应的可能。

有条件的具身趋弱

综观老年认知表现，既有明显的具身程度弱化趋势，又有着维持甚至更强的具身效应，总体上呈现为有条件的弱具身趋势。进言之，这种有条件的弱具身趋势凸显出老年认知具身方式、程度的变化方向是有边界条件的。这一边界条件并不是由年龄本身决定的，而是年龄相关的身体感知运动，或言感知运动经验品质。在一般情况下，视觉经验信息更具优势而主导认知，反映出弱具身倾向。如上所论，相比于视觉，其他身体感知觉运动能力随着年龄增长而弱化的幅度更大，使得相应的感知觉经验信息不再稳定、可靠、易得、可用，进而导致其对认知影响力的下降。但却并不尽然如此。视觉同等受损的情况下，认知更倾向于依赖听觉或其他更具优越

---

① Hackney A L, Cinelli M E. Older adults are guided by their dynamic perceptions during aperture crossing [J]. Gait & Posture, 2013, 37 (1): 93-97.

② Roberts K L, Allen H A. Perception and Cognition in the Ageing Brain: A Brief Review of the Short- and Long-Term Links between Perceptual and Cognitive Decline [J]. Frontiers in Aging Neuroscience, 2016, 8: 39.

③ Baltes P B, Lindenberger U. Emergence of a powerful connection between sensory and cognitive functions across the adult life span: a new window to the study of cognitive aging? [J]. Psychology & Aging, 1997, 12 (1): 12-21.

性的感知觉。① 例如，对于巴林特综合征患者而言，其视觉或其他感知觉运动能力受损，相应的信息品质也大幅度下降，而听觉能力及其信息品质则相对较优。这致使其不同于一般老年视觉主导认知，而更多地依赖听觉整合多种感知觉信息，或言，以听觉为主导进行认知加工等。② 由此，一般与特殊两种情况均力证出感知运动经验品质之于认知具身性方式、程度的关键作用。同时，这也意味着如若能基于边界条件而人为干预，如提升感知觉运动经验品质，则很可能延缓具身弱化趋势。具体而言，通过人为干预提高老年的身体机能、提升感知运动能力（感知觉敏感性）、强化脑区的功能分区（维持特异化的感知觉—认知—行动模式）等，从而有效提高感知觉运动经验品质（稳定性、可靠、可用性等），也许能在很大程度上保证感知觉经验对于老年认知的影响力。

需要着重指出的是，感知觉信息品质的高低是相对而言的，依任务难度需要的不同而变化。如上述论及的老年期内容优势效应研究。在一项该类实验研究中③，老年需要深度认知编码，而没有速度层面的要求，其可借助于语义表征信息完成再认。这就使得具体概念的内容优势很大程度上被弱化了。而在另一项研究中④，对速度的要求及其对词汇表象程度的控制，使得感知运动经验表征能满足实验任务需要而无须借助语义表征。因而，具体概念的内容优势依然存在。可以认为，二者截然相反的实验结论很大程度上源于实验中认知任务难度的差异，而这种差异形成了对信息品质高或低的相对要求，进而促成了实验中有、无具身效应的差异。简言之，认

---

① Costello M C, Bloesch E K. Are Older Adults Less Embodied? A Review of Age Effects through the Lens of Embodied Cognition [J]. Frontiers in Psychology, 2017, 8 (657508): 267.

② Phan M L, Schendel K L, Recanzone G H, et al. Auditory and Visual Spatial Localization Deficits Following Bilateral Parietal Lobe Lesions in a Patient with Balint's Syndrome [J]. Journal of Cognitive Neuroscience, 2000, 12 (4): 583-600.

③ Peters J, Daum I. Differential effects of normal aging on recollection of concrete and abstract words [J]. Neuropsychology, 2008, 22 (2): 255-261.

④ Roxbury T, McMahon K, Coulthard A, Copland D A. An fMRI study of concreteness effects during spoken word recognition in aging. Preservation or Attenuation? [J]. Frontiers in Aging Neuroscience, 2016, 7: 240.

知任务难度在一定程度上决定了老年认知对感知觉运动经验的依赖程度或言具身程度。

综言之,感知觉运动经验信息品质与认知任务难度的匹配程度,可能最终决定着老年认知的具身程度。如若感知觉运动经验信息品质能够满足认知任务难度的需要,则老年认知的具身程度可能得以维持甚至增强;如若无法适应认知需要,则老年认知可能改变认知策略(如语义表征以补偿)降低感知运动经验的权重,那么具身程度则相应的弱化。由此而言,老年认知的具身程度有着一般性的弱化趋势,但也是有边界条件的、可塑造的;身体感知觉运动经验信息品质的改变及其与认知任务的匹配在很大程度上左右着老年认知具身性程度。

第四节 具身认知的毕生发展规律及其可塑性

年龄特征的考察仅仅是一个分散的、割裂的讨论,难以整体性把握年龄相关的具身认知属性特征。而对于这一问题的考察,还有必要对比各阶段的年龄特征,从而把握具身认知的毕生发展及可塑性。这有益于进一步凸显具身认知的年龄特征属性,也更有利于思考具身认知的边界条件问题。

一、跨阶段对比

儿童与老年是毕生生命发展的两个极端,都伴随着身体、感知觉、认知等层面的大幅度变化,一个表现为发展与成长,一个表现为衰老与消退,所反映出的具身认知是有差异的:儿童期认知有着普遍的具身趋强趋势,而老年期认知有着普遍的具身趋弱趋势,且二者均是有边界条件限制的。具体分析,这一对比可由主导具身认知的感知觉类型差异展开。

首先,视觉经验主导与其他身体感知觉运动经验主导的差异。如上所述,老年认知主要倾向于视觉主导,而其他身体性因素的影响逐步弱化。

与此不同的是，幼儿、儿童的认知更倾向于其他身体性因素的主导[1]，身体感知觉运动建构着儿童的表征系统，深度影响着儿童的概念、语言学习。例如，儿童期内行动因素对知觉判断的影响程度随年龄增长而提升；儿童的心理图式更多地受行动过程而非视觉因素的影响等。可以认为，躯体运动因素在儿童早期认知发展中被赋予更大的权重。其次，这种占主导地位的感知觉类型差异导致认知中身体感知—脑关系的差异：模式建构与解离的差异。儿童期，身体性因素的主导作用使得身体行动能更多地与特定脑区耦合，逐步形成较为稳定的身体感知—脑反应路径，进而形成多种特异化的知觉—认知—行为模式。即，特定脑区对应特定的认知或行为，这是认知具身性得以发生、维持的基础。而在老年期，视觉主导伴随的是行为—脑关系的解离。脑区的差异化功能逐步弱化而能对更多刺激作出反应，而同样的刺激信息此时也能激活更广泛的脑区（却少有某一特定脑区的激活）以补偿受损的差异化功能。再次，主导地位的感知觉类型的差异与行为—脑关系的差异共同导致了具身认知潜在驱动因素的差异：建立新联结或再激活旧联结。[2] 受上述二者差异影响，面对感知运动的变化，儿童倾向于建立新联结，而老年则更多地重新激活已有联结以驱动具身认知的发生。

综言之，由比较可以认为，躯体感知运动系统在不同生命阶段对认知的影响方式、作用程度是不同的。这种差异既是具身认知具有年龄特征的原因所在，也体现着年龄特征。而基于这种对比，可以进一步概括出具身认知在生命全程中的毕生发展走向及其可塑性。

二、毕生发展

埃斯特·泰伦（Esther Thelen）曾预测毕生视角下的具身争论在于两

---

[1] Costello M C, Bloesch E K. Are Older Adults Less Embodied? A Review of Age Effects through the Lens of Embodied Cognition [J]. Frontiers in Psychology, 2017, 8 (657508): 267.

[2] Jonna L, Markus R, Rouwen C B. A Lifespan Perspective on Embodied Cognition [J]. Frontiers in Psychology, 2016, 7 (373): 845.

个连续性：时间的连续性，程度的连续性。① 依据这样的两个维度，结合上文论及的具身方式与内在机制差异，可从具身方式、程度、时间持续性三个维度进一步论述具身认知的毕生发展。

在具身方式层面，依据生命全程中视觉感知和其他感知行动系统的关系与整合来审视之，在儿童期，感知运动影响占优；过渡到青年期时，二者比重相近而更加趋于平衡、整合；而在老年期，感知运动影响趋于减弱，视觉感知作用则趋于主导。在二者比重毕生发展规律之下，更为重要的是感知觉—认知—行动模式的毕生变化，表现为：从儿童期的耦合与建立，到青年期的相对稳定与灵活，再到老年期的解离与泛化。进一步，伴随方式变化的是具身程度的强弱转变。在程度层面，具身认知在不同年龄阶段呈现有条件的趋强、趋弱变化。以毕生发展过程中认知对于身体感知运动经验依赖程度为标准审视之，从儿童期身体性因素权重逐增、具身趋强，过渡到青年期稳定的具身，转而演变为老年期身体性因素权重渐弱、具身效应趋弱。进言之，尽管各年龄阶段有着具身方式、程度差异，但在时间层面，认知的具身性却是毕生的，是贯穿整个生命周期的。纵观认知的毕生发展历程，从掌握语言之前通过身体感知运动探索外部世界的婴幼儿，到依靠感知觉运动经验建构心理表征以掌握概念、语言的儿童期，再到依赖具身隐喻、具身模拟等具身认知的成年，直至视觉主导认知的老年，身体感知觉运动经验对认知的影响（或言认知对于身体感知运动系统的依赖）是毕生的、持续的。可以认为，就时间层面而言，人的认知是毕生的具身的发展，或言认知的具身性是持续终生的。

综上而言，这样三种维度视域内的具身毕生发展状况反映出年龄相关的两个问题：第一，由于伴随认知具身性毕生发展变化的，是身体自然属性的发展与消退（儿童期内身体由弱到强，老年期内身体由强到弱），因此可以认为，认知具身水平或程度的毕生演变是随着身体在生命周期中的自

---

① Thelen E. Grounded in the World: developmental origins of the embodied mind [J]. Infancy, 2000, 1 (1): 3-28.

然发展、衰退而同向共变的。第二，具身方式及程度差异变化方向的不一凸显出需要着重思考具身认知发生发展的边界条件。儿童期趋强的具身趋势需要感知运动经验类型与目标对象或言认知任务的匹配，而老年期趋弱的具身趋势则需要感知运动经验信息品质与认知任务的匹配。由此而言，年龄相关的感知运动经验信息类型及其品质与认知任务的匹配程度成为左右具身认知发生发展的边界条件之一。进而，两个问题凸显出一个共同的因素是：年龄相关的身体自然属性的变化。身体自然属性特征差异既包括如胳膊长短、形体大小、敏感度等生理机体层面，又包括运动能力、感知能力等生物机能层面。其在很大程度上造成感知运动经验的差异，也直接决定着感知运动经验信息品质（儿童期身体感知运动能力的提升使得相应的感知经验信息品质更为趋于可靠、稳定、易得，而老年期自然属性的弱化则使得相应的信息品质反向发展），进而影响其在概念表征过程中的可用性等。由此而言，对于边界条件的考察，感知运动经验信息类型及其品质与认知任务的匹配程度之外，还需要考虑年龄相关的身体自然属性的变化（后者在一定程度上决定了前者）。

可以认为，认知的具身方式与程度是毕生变化的，而对于其变化方向的考察则需要限定特定的条件。进一步，边界条件还涉及可塑性问题。

三、可塑性

可塑性与边界条件是互释的，二者共同象征了具身认知的应用价值。

一方面，具身方式及程度在不同年龄阶段有差异的变化方向实质上指明了具身认知的发生、发展是有边界条件的，而边界条件的存在则意味着可塑。首先需要指出的是，边界条件可被视为一种情境，而情境性往往意味着可塑。在具身视域内，感知运动经验信息类型及其品质与认知任务的匹配程度、年龄相关的身体自然属性变化等前述条件在实际上构成了一种具身认知发生、发展的特定情境，其由认知任务、年龄相关的身体自然属性及其感知运动经验信息类型与品质三类因素构成。这样就从可塑性的视角把边界条件进一步拓展为更具普遍解释力的情境。进言之，边界条件、情境特性暗示了一种可控、可操作对象的存在,而对这一可控对象的人为干预则能较好的满足边界条件与情境需求。换言之,可以参照边界条件、情境而有选择、有目的地操作、塑造这一对象,这就使得边界条件与情境成为塑造的方向与基准。

另一方面,反思之,可塑性也反向暗示着边界条件的存在,而被塑造的对象往往象征着边界条件或言情境需要。这也就意味着可以根据可塑性去思考、探究边界条件问题。在此处,对感知运动经验信息品质、认知任务操作或控制的不同而使其呈现出具身效应水平的维持、趋强或趋弱,就指明了经验信息品质、认知任务是潜在的边界条件。

由此而言,具身认知的边界条件与可塑是互释的,二者共同体现了其应用价值。儿童期,基于学习的内容,有选择性地培养符合学习内容需要、学习任务要求的感知运动体验。老年期,可适当提高运动能力来改善认知的情况,如舞蹈可有效延缓脑的衰老。也即,可以参照具身发生发展的边界条件与情境而有针对性地设计提升计划,有选择地塑造具身感知,从而改善学习、改善认知状况。

第五节 小结:从年龄特征到年龄相关的边界条件

基于具身认知的年龄特征属性辨析年龄相关的具身边界条件,也即年龄相关的发展条件。综观具身认知的毕生发展与年龄特征,一个综合的论述是:在一般意义上,从耦合到稳定到解耦,具身认知方式的灵活性趋于强而特异化趋弱,其对应着具身程度展现出趋强—平稳—减弱的态势。儿童期,个体的感知运动能力逐步提升、经验逐步积累,且这种提升对于概念建构等认知的作用渐强,是感知运动经验与认知之间关系的形成期。也即,认知耦合、生成特异具身模式。这一阶段的具身化方式,其特异程度强而灵活性差,往往特定的感知经验仅有益于某一种认知处理,如上述提到的不同感知运动经验对不同词汇学习的影响程度是不同的。在青年期,感知运动与认知之间的关系被保留下来。但随着身体各方面更成熟及抽象能力的发展，这种关系，或言，具身方式更具灵活性，特异程度也就渐渐弱化。到了老年期，身体感知机能大幅下降而语义认知等部分认知能力却相对保持，使得感知运动经验与认知的关系开始弱化，特异程度逐步消失。也即，前述的解耦、解离，具身程度也趋于弱化。分析这一发展历程可知，具身方式、具身程度的变化基本与身体自然属性同向共变，而变异方向的差异则在很大程度上取决于感知运动经验信息类型及其品质与认知任务的匹配程度。这指明了，具身认知的发生、发展是有着年龄相关的边界条件的，且是认知情境或言认知任务与年龄基础上的自然身体属性双调节的。其中，年龄相关的身体能力或属性特征决定着身体感知运动经验及其品质，提供了具身认知之所以发生的可能及可能方式、可能程度，而认知任务等情境性因素则直接决定了具身方式与程度。进一步，这种边界条件指向的是特定情境中特定具身模式的可得性、可用性、通达性。在发展视域下，年龄相关的身体感知信息品质与认知任务及二者的匹配则实质上左右着这种可得、可用及通达性程度的大小等。

更进一步，基于具身认知所展现出的年龄特征与边界条件反思具身、离身的关系问题。毕生发展视角的考察为综合考虑各种解释认知过程的认知理论之间的关系提供了一个框架。[①] 也即，毕生视角下理解具身认知的年龄特征、发展规律、可塑性等，能更全面地把握具身认知的基本属性、整合具身认知理论的各种争论。单就具身、离身两大理论倾向而言，通过年龄特征属性的考察，离身、具身更可能仅仅是各自占比的变化，而不是完全分开对立的。由此突出两个问题：一方面，对于更为抽象的认知或心理活动，并不能仅仅考虑其是由具身感知和离身符号构成的，更要思考二者是如何动态耦合的。换言之，关注的焦点、考察取向并非确立认知是真正"离身性"的或仅仅是"感知觉运动"的，而是要思考思维与行为之间、离

---

① Marshall P J. Beyond different levels: embodiment and the developmental system [J]. Front Psychol, 2014, 5 (5): 929.

身性因素与具身性因素之间耦合的灵活性。① 另一方面，基于二者耦合的灵活性有必要进一步考虑放弃采取离身或具身的简单对立二分立场，转而思考二者的边界条件，思考感知运动表征在何时、以何种方式及在何种程度上作用于语言、概念处理。进言之，通过研究个体的语言理解、概念处理等认知过程在何时、以何种方式以及在何种程度上依赖感知运动经验，并且探究认知是否以及何时从这种依赖中转移开来以形成更复杂、更抽象的认知，不仅仅能明确边界条件、更好地把握具身本质属性，更可能理清具身—离身关系以推进具身理论更为普遍地发展。

综上而言，年龄特征的考查在于指明具身认知是有着年龄或发展属性的，其发生发展是需要满足年龄相关的发展条件的。这种年龄相关的边界条件的前提性反思，不仅仅是针对无年龄或发展视角涉入的泛化具身困境以祛除泛化问题，更是要通过确立年龄相关的发展边界条件以重新定位具身，重塑具身观，重塑具身、离身关系等，也即实现年龄或发展层面的祛魅与新立。

---

① Thelen E. Grounded in the World: developmental origins of the embodied mind [J]. Infancy, 2000, 1 (1): 3-28.

第五章　具身认知的文化差异与边界条件

物理生理的身体、发展的身体基础之上，身体更是文化的身体，具有文化属性。身体受历史、文化的教化与规训，使得其在感知运动行为、身体观等方面凸显文化特异性，影响着认知以何种方式、在何种程度上具身。可以认为，文化差异问题关乎具身认知的发生、发展，也关乎学界对认知具身性方式、程度的理解。由此，文化理应是探究具身认知基本属性与边界条件的关键维度。

第一节　具身认知与文化

对于具身认知基本属性及边界条件的考察，何以要探究具身认知的文化差异，或言文化视角何以成为一个必要的理论维度？简单而言，这是由于文化差异关乎学界对具身认知文化属性与边界条件的准确理解，可以从三个层面具体分析：一是理论的层面，有赖于对认知、身体、文化三者关系的思考，三者的相互作用关系决定了对具身认知的理解需要文化的视角。二是现实的层面，现存的具身文化差异指明身体状态与认知心理并不是一一对应的关系，意味着具身认知是文化特异的，存在文化相关的边界条件。三是具身理论本身，具身本就强调身体与环境的互动，这里的环境不仅仅指物理环境，还指向社会文化环境。

首先，在文化、认知、身体的理论关系层面，文化的塑造作用决定了具身认知的考察需要文化视角。从文化视角考察具身认知实际包含了文化、认知与身体三个要素，而三者的关系自然就成为探究是否需要文化视角的首要思考维度。就文化与认知而言，文化的产生是人的认知活动的产物，而既定的文化价值观念、规范等则又构成文化环境进而成为认知、行为的背景。其既作用于时空知觉、视知觉等最基本的感知觉活动，又影响记忆、分类、问题解决等高级认知加工过程。可以认为，认知是文化的，认知加工的过程发生于特定的文化情境中，对认知本质的把握需要文化视角的涉入。就文化与身体而言，身体是文化的载体或表征方式之一，能以更具体、直接的方式表征出文化的价值取向、风俗习惯等；而文化则既潜移默化地塑造着无意识的身体行为、身体习惯，又教化、规训着人们对身体的理解、运用等。可以认为，人的身体是历史的文化的发展，身体感知觉运动、行为等因文化的不同而产生差异。就认知与身体而言，具身认知理论本就强调身体之于认知的枢纽作用，主张认知根植于身体的感知觉运动、身体与环境的交互过程等，而特定的身体感知觉运动经验则构成或激活特定的概念或认知表征。

概言之，文化、身体、认知三者是相互作用的。其中，文化源于身体、认知活动而又塑造身体行为与认知；身体之于文化、认知，既有载体、表征的作用，又具有构成性影响；而认知则既是具身的，又是具有文化属性的。基于这种相互作用可以认为，其中一者将影响另外两者的相互作用方式、程度等。具体到具身认知而言，一方面，具身认知整个过程本身就发生于特定的文化环境中，持续地接触文化；另一方面，这里认知所依赖的身体是受文化教化或规训的身体，而身体所作用的认知又有着文化的涉入。二者意味着，文化将影响身体作用于认知的方式，以及认知依赖于身体的程度等。这在最基本的理论层面表明，对于具身认知基本属性的把握、本质的理解等，需要一个文化的视角去考察具身的发生、发展过程。

其次，现实的具身文化差异层面，身体感知运动经验与认知结构、概念表征的联系并不是随意的，也并非普遍适用。一般认为，具身认知理论揭示出了认知过程中身体感知觉运动体验与概念、情绪、态度等存在着耦合、映射关系。然而，对现实中具身文化差异的忽视使得部分研究者对这种对应的映射关系是如何进一步发展的、又是如何赋予意义的仍不清楚。进言之，从现实生活中具身认知的发生发展看，这种关系不仅有着生物进化的基础，更受文化价值观、文化驱动力、文化习俗等的调节。① 一方面，生物进化过程中认知总伴随一定的身体感知运动，而身体感知运动也常引起特定的基本认知反应。但这种对应并不是完全特异化的，也并非一一对应的。例如，搓手运动，可能是紧张也可能是寒冷还可能是宗教仪式，高昂头可能意味着自豪也可能意味着虔诚祈祷还可能意味着对某事或物感兴趣。而文化的涉入，即另一方面，使得这些已成的对应关系更趋于稳定也更易发生。这是由于在现实的特定认知情境中，文化驱动力使得某些身体感知运动方式更为频繁地发生，也强化了某种符合文化价值的身体感知运动与认知的联结。从而使得某一认知的具身化方式形成文化特异性而在不同文化中有着不同的表现，也使得具身认知的某些现象在一些文化中可能比另一些文化中更为普遍等。例如，采取"抬头扬下巴"姿势会引发对有关女性贞洁、家族忠诚等荣誉信念的更多认可，但对于重视该荣誉的特定文化群体来说，这种效果最强烈，例如拉丁裔男子。② 又如，具身洁净效应在不同文化中有着不同的道德功能，即使同样的道德结果也往往是源于不同具身洁净方式。③ 由此而言，现实生活中存在着具身认知的文化差异，而这种差异表明身心的联结并不是随意的。回到学理层面，这种身体感知运动经验与认知之间对应关系的文化特异性、不随意性则凸显出具身认知的文化差异问题，意味着对认知具身性的把握需要探究文化差异、文化边界。

再次，学术研究层面，具身认知发轫之初就有着文化层面的思考，只是为后期的研究所忽视。例如，有学者曾言："具身认知并不限于生物的、

---

① Cohen D, Leung A K Y. The hard embodiment of culture [J]. European Journal of Social Psychology, 2009, 39 (7): 1278-1289.

② Ijzerman H, Cohen D. Grounding cultural syndromes: Body comportment and values in honor and dignity cultures [J]. European Journal of Social Psychology, 2011, 11 (4): 456-467.

③ Lee S W, Tang H, Wan J, et al. A cultural look at moral purity: wiping the face clean [J]. 2015, 6:577.

神经生理的因素对于心理的影响，也不限于身体与物理世界的交互，它同样重视文化的、社会的身体及其经验的作用。即，有必要关注身体所处的社会文化环境。"① 瓦雷拉也曾言，具身认知不仅仅承认身心联系，更需要重视特定文化下的身体经验。② 然而，这种观点并未获得足够的重视。即使已有部分研究描述了具身认知的文化差异，但仍鲜有研究充分探讨文化如何影响具身认知，及影响哪些方面。这在很大程度上限制了对具身认知基本属性与边界条件的理解。因而，在学术研究的意义上，对具身认知基本属性问题的深入把握有必要重新审视身体所处的文化环境。同时，亦有必要通过分析文化差异揭示具身认知的发生、发展的边界条件。

综言之，身体、认知、文化的相关作用关系在最基本的理论层面表明，文化理应是探究具身认知本质的关键维度；而现实中具身认知的文化特异性现象则进一步表明，文化差异问题关乎具身认知的发生、发展，关乎对认知具身性方式、程度的理解。由此，对具身认知文化差异问题的探究既有理论层面的内在需求，又有现实层面的刚性需要，因而成为把握具身基本属性、边界条件的必要维度。

第二节　何以探究具身认知的文化差异

由上而知，具身认知的文化差异关乎对具身认知基本属性、边界条件的理解，那么，何以理解或如何探究具身认知的文化差异问题便成为另一个基本问题。这既需要一个概念以明确界定具身认知文化差异的考察范围、内容取向，又需要基于概念给出方法的选择。

第一，首要的是界定具身认知的文化差异概念以限定考察的内容范围与取向。所谓具身认知的文化差异，可简述为：把认知的具身性视为一个

---

① Rohrer T. The body in space: Dimensions of embodiment [M]. In T. Ziemke, J. Zlatev & R. M. Frank Eds. Body, Language and Mind. Berlin: Mouton de Gruyter, 2007, 339-378.
② Varela F J, Thompson E, Rosch E. The Embodied Mind: Cognitive Science and Human Experience [M]. Boston, MA: MIT Press, 1991.

变化的连续体，其随着身体感知运动经验的文化特异化发展而在不同文化间呈现出具身性程度差异、具身化方式差异。这一界定的依据及其理解可从三个方面把握。首先，依据现实中不同文化间展现出的具身差异现象可以认为，认知的具身性并不是一种超越文化的固定不变的特质，其不仅有着具身方式（或言身体感知运动体验与认知、概念的映射关系或耦合）的殊异而不一致，又有着具身程度的强弱变化。由此，具身差异理应在学理层面涵括方式、程度差异两个方面。其次，这种方式、程度的差异直接受文化调节、影响。文化作为生成认知的背景或情境，贯穿具身认知发生、发展的全过程，直接影响着身体如何作用于认知，也即影响身体感知运动体验与认知的映射或耦合。同时，文化作为一种理念，还影响个体是否有意识运用身体进行认知，又影响个体如何运用身体或依赖身体进行认知。前者主要体现为具身的程度强弱，后两者主要体现为具身化方式的不同。由此而言，文化调节着如何具身及具身程度，而具身是文化特异的。最后，文化的这种调节、影响等主要是通过文化特异化的身体感知运动及其经验实现的。一方面，身体是历史的文化的发展，表征着文化特性；另一方面，更为重要的是文化对身体具有教化与规训的作用。二者共同促使身体的感知觉运动方式常因价值观念、风俗习惯的差异而呈现出文化特异化形式，而基于这种特异化的身体感知运动经验形成的具身认知也就因此产生了文化差异。进而，基于对具身认知文化差异的上述界定，可以认为，其所关注的核心是文化的影响及文化间差异，所考察的向度包括在特定文化环境的作用下认知如何具身、具身程度又如何变化两个层面，而探究的关键点则在于身体感知运动经验的文化特异化发展。

同时，基于对具身认知文化差异的界定，文化相关的边界条件可以被认为是，生成某一具身效应或发生具身认知所应满足的文化条件。

第二，对于文化差异、文化相关的边界条件的考察，还需要明确文化的划分问题。文化差异意味着一种对比，而对比就需要率先分门别类，理清需要探究的文化维度。宏观而言，文化既有着横向的跨地区、国家、民族的区分与差异，又有着纵向的跨时代的差异。这意味着，作为历史的文化的发展中的身体，既受本地区文化的教化与规训而具有地区或民族性的文化特异化特点，又受时代文化驱动力的影响与塑造而具有时代性的文化特异色彩。因此，从身体感知运动的文化特异化视角探究具身认知的文化差异有必要包括地区文化差异、时代文化差异两个方面。其中，地区文化差异侧重于讨论受不同区域文化价值观念、习俗规范等教化而成的身体感知运动作用于认知的不同方式，或言，同一认知过程（如权力等级概念、时间认知）在不同文化中展现的具身化方式差异；而时代文化差异则侧重于讨论技术进步、文化变迁等对于身体感知运动及其经验的变革，以及这种变革之于认知具身化方式的影响。也即，新技术、新文化形态（如智能时代、文化混搭）下的认知具身化过程的变革。同时，无论是地区文化之间还是时代文化之间，都有着身体观的差异，影响着个体运用身体或依赖身体进行认知的方式、频率等，表现为具身化程度的强弱差异。因而，有必要在讨论方式差异之后着重讨论。简言之，对于具身认知文化差异的讨论将从区域文化差异、时代文化差异两个维度展开。

另外，差异的对比需要一个明确、具体的对比对象。文化是一个内涵宽泛、难以操作化定义的概念，仅以文化差异这一概念泛泛而谈不同地区、种族、时代之间某些具身认知现象的差异并不能促进对具身认知基本属性或本质的理解。这就有必要选取一个具体的载体或视角作为对比对象。鉴于上述言及的，文化的具身影响主要通过特异化发展的身体感知运动经验实现，因而，可依文化特异的身体感知运动为视角或对比对象，具体分析文化对具身认知方式、程度的影响。

综言之，对具身认知文化差异的考察，将主要围绕区域文化、时代文化两个维度分别探究方式差异、程度差异，而探究的切入点或载体则是文化特异的身体感知运动经验。

第三节　区域文化差异

区域文化差异是一种横向对比的维度，主要探究同时代不同地区、民族的文化价值观念与习俗规范下，区域文化特异的身体感知运动及其经验对认知具身化方式、具身程度的差异化影响。通过差异的比较，可以探究具身认知的文化特征与文化属性，进而明确文化相关的具身认知之边界条件。

一、方式的差异

具身化方式，即认知何以具身、如何具身，言指形成具身认知的内在机制。目前，学界关于具身认知机制的解释大致可分为具身隐喻、具身模拟两种。① 其中，具身模拟理论更多地以镜像神经元等神经生理机制为支撑，适于探究人类具身认知机制的具相似、一致性；而具身隐喻更多地依赖于语言与文化环境，因而表现出更多的个体差异性。因此，基于具身隐喻探究具身认知的文化间差异更具比较的意义，也更有利于促进对具身认知基本文化属性的把握。根据具身隐喻理论，具身化方式主要指身体感知觉运动经验与心理状态、概念表征结构等之间的映射、耦合关系。因而，文化间的具身化方式差异可进一步明确为这种映射、耦合或表征关系的差异。

第一，同一形式的感知运动可能导致不同文化中的个体产生相异的认知、情绪反应，形成文化特异的认知。对于同一种类的身体感知运动形式，既可能因不同的文化模式、规范、实践等文化驱动力而促使其与不同的心理状态、概念表征等耦合、联结，例如搓手可映射宗教观念亦可能联结温度感；也可能因差异化的文化价值、理念等文化意义系统而被赋予不一致的解读、解释，例如，点头动作在印度与欧美文化间的意义的不同；红色、白色视觉经验在中欧文化中有不同的象征性意义等。这两种情况均使得同一感知运动形式在不同文化系统内被赋予不同的文化属性而具文化特异的意义。这也就意味着，虽是同一感知运动类型，但其经验的内在意义却是不同的、有文化差异的。由此而呈现为，同一感知运动在不同文化体系内

---

① Cerulo K. Embodied Cognition: Sociology's Role in Bridging Mind, Brain and Body, 2017.

形成认知或情绪反应差异。

第二，与上述相对，同样的认知、情绪在不同文化中也可能源于不同的身体感知觉运动，即源于文化特异的具身经验。这可借由认知与各感知运动联结的可能性大小来说明。在不同的文化体系内，文化驱动力、文化意义系统会赋予各身体感知运动以不同的权重，鼓励、驱使部分身体感知运动而抑制另一部分，因而其整体的经验结构、经验内容也趋于文化特异化发展。相应的，基于这种异质经验生成的心理状态、概念表征，使得不同文化体系内个体经验到的各种身体感知运动其发生频率、意义是截然不同的，其在不同文化体系内与同一感知运动经验联结的可能性也就不同。例如，有关愤怒，突尼斯阿拉伯语中常以骆驼咆哮、沙暴来袭等表达愤怒，这是由于骆驼、沙漠在其文化中常被强化而塑造了这种表达[1]；而在其他阿拉伯地区，关于愤怒的表达并未有明显的骆驼、沙漠隐喻[2]。进一步而言，同一认知依赖的经验的内在意义可能是一致的，只是这种经验在不同文化中是由不同形式的感知运动生成的。由此而呈现为，同样的认知、情绪在不同文化中关联着不同的感知觉运动。

第三，前两者论及的均是实际可感的"身体"。这之外，个体对于其身体在时间、空间中感知运动的心理图像、心理模型等心理表征（也即身体图式）也是有文化差异的。有学者研究指出，文化中关于个体与他人关系、个体社会地位等的观念可具身化为，或说直接影响个体对其在时间、空间中所处位置及运动的认知方式。[3] 例如，亚裔美国人持有更多的类似"考虑他人、与人和谐"观念，表现出更为显著的从他人视角表征身体感知运动、建构时空隐喻的倾向；而欧裔美国人持有更多的类似"相信自己、表达自

---

[1] Zouhair Maalej. Figurative Language in Anger Expressions in Tunisian Arabic: An Extended View of Embodiment [J]. Metaphor & Symbol, 2004, 19 (1): 51-75.

[2] Leung A K, Qiu L, Ong L, et al. Embodied Cultural Cognition: Situating the Study of Embodied Cognition in Socio-Cultural Contexts [J]. Social & Personality Psychology Compass, 2011, 5 (9): 591-608.

[3] Leung K Y, Cohen D. The Soft Embodiment of Culture [J]. Psychological Science, 2008, 18 (9): 824-830.

我"观念，表现出更为显著的从自身视角表征运动、建立时空隐喻的倾向。[1] 相应的，这种个体表征身体运动的方式也进一步提供或强化了个体看待自己与他人关系、自己所处位置的视角，形成自我中心或他人中心的知觉系统，从而以自我视角或他人视角感受时空、建构时空隐喻等。简言之，文化中关于自我与他人关系的观念，驱使个体形成了不同取向的心理视角来看待或表征身体感知运动，使得身体感知运动及其经验的表征本身就是文化特异的。

综言之，就具身方式层面而言，受文化驱动力、文化意义系统的影响，不同文化的感知运动经验与心理状态、概念表征间的映射、耦合关系是异质的。表现为：同一形式的感知运动可能导致不同文化中的个体产生相异的认知、情绪反应；而同样的认知、情绪在不同文化中则可能源于不同的身体感知觉运动。同时，身体感知运动及其经验的表征本身也是文化特异的。进言之，方式的文化差异往往意味着特定形式的具身认知的发生、发展是有边界条件的，且这种潜在的边界条件是文化相关的。基于身体感知运动形式在文化与认知之间的中介性、载体性角色而言，这一边界条件可能恰恰是那部分具有文化特异色彩的感知运动。然而，具身认知不仅表现为具身化方式的异同，还体现为具身程度的强弱。

二、程度的差异

如果说文化内的风俗习惯在潜移默化中形塑身体感知运动而造成具身化方式的文化间差异，那么不同文化中内含的不一致的身体观，可促使个体不同程度地有意识地运用身体进行认知，则可促使具身程度的强弱变化。这里所言的程度强弱的标准，既同于前述年龄特征一章所言的判断标准——认知依赖于身体的程度，又对其拓展，更多的指向有意识运用身体的频率、程度等。具体而言，具身程度差异可以以中西文化中身体观对个体

---

[1] 梁嘉仪，多夫·科亨. 文化的软性具身认知——摄影机物镜视角与时空内的运动 [M] // 赵志裕，陈侠，主编. 中国社会心理学评论（第六辑）. 北京：社会科学文献出版社，2013：204-216.

是否有意识运用身体及其频率的影响为例,进行论述。

一方面,中国文化突出个体有意识地运用身体而呈现为强具身。中国传统文化发展历程中虽有"尊身""抑身"两种身体观的交替更迭,但总体上仍强调基于身体主体去认知世界、建构图式,有着体知[①]、体证、体验、体思[②]的身体认知传统。例如,中医"以身体之",基于身体感受施治;又如,强调知行合一、躬行实践的学习观;再如荀子所言"征知"对身体感官经验的强调[③]等。张再林就曾指明,中国文化中的身体是自足的、互体的本体身体[④],由身体建构社会等级、推出伦理秩序、企求精神超越[⑤]。这直接促使中国文化体系中的个体能更有意识地运用身体实现认知、调节情绪等。同时,中国文化环境下的认知更有体知的意味,更依赖身体,也因而更有具身的内涵。另一方面,相比于此,西方文化向来弱化身体而呈现为弱具身。西方文化中向来有"抑身"的传统,常贬低身体之于认知的作用,甚或罪恶化身体。例如,苏格拉底、柏拉图把身体视为获取知识的阻碍;又如笛卡尔的"身体铁镣"言论等。张再林认为,西方文化中的身体更倾向于是一种非自足的、个体性的物体身体[⑥],仅仅是一种被认知的客观对象。这直接促使西方文化体系中的个体更可能有意识地避免或抵制运用身体建构认知。例如,尽管手指计数之于数学能力的有益作用被广泛认识,但由于广泛宣扬的这样一种假设:身体表征简单而无意义,不利于更抽象

---

① 黎晓丹,叶浩生. 中国古代儒道思想中的具身认知观[J]. 心理学报,2015,47(05):702-710.
② 张再林,吴光明. "中国身体思维"论说[J]. 哲学动态,2010(03):43-49.
③ 黎晓丹,叶浩生. 中国古代儒道思想中的具身认知观[J]. 心理学报,2015,47(05):702-710.
④ 张再林. "我有一个身体"与"我是身体"——中西身体观之比较[J]. 哲学研究,2015(06):120-126.
⑤ 张再林. 身体·对话·交融——身体哲学视阈中的中国传统文化的现代阐释问题[J]. 西北大学学报(哲学社会科学版),2007(04):11-13.
⑥ 张再林. 身体·对话·交融——身体哲学视阈中的中国传统文化的现代阐释问题[J]. 西北大学学报(哲学社会科学版),2007(04):11-13.

概念等能力的获得，其仍被很多西方国家的正规或公众教育所抵制。[①] 由此可见，西方文化体系的认知更倾向于有意识地抽离身体而较少具有具身的意味。概言之，不同文化体系中不一致的身体观可能促使个体在不同程度上运用或抵制身体实现认知，而这种运用身体而认知的意识程度差异也体现出文化间具身程度的强弱变化。

值得注意的是，上述身体观视角下所言的具身认知是身体拥有者或行为者自己的认知，而在各文化体系内，身体还可能作为一种叙述工具被他人认知，即身体叙事现象。意指以身体为叙事载体、媒体去生成意义。例如舞蹈、功夫，抑或文学或艺术中的身体素描甚或语言中的身体相关词汇等。这里的身体与认知者是分离的，而身体仅是一种呈现或表征认知内容的客观存在。换言之，这里的身体，其对于观者仅是被观察、认知的对象，是一种叙述工具。在这种意义上，各文化均有运用身体实现观者认知的现象，是否存在意识程度、运用频率上的差异有待进一步探究。

综言之，就各文化中的具身程度而言，一方面，文化特异化的身体观念影响个体能够多大程度上有意识运用自我身体实现认知，表现出具身程度的差异。另一方面，身体观也许并不左右运用身体叙事实现他者认知的程度，在这个意义上可能并无具身程度的强弱差异。尽管有着这种差异，但出于中西方身体哲学倾向的考虑，仍可以认为，具身认知在不同文化间是有着明显的程度强弱差异的。进言之，如同方式差异那样，具身程度的文化差异也往往意味着具身认知的发生、发展是需要特定的边界条件的，且这种潜在的边界条件是文化相关的。基于上述论及的身体观之于是否有意识运用身体及其运用频率的重要影响而言，这一边界条件可能恰恰是文化特异的身体观。

进一步，基于具身认知的文化差异，可探讨具身认知的文化特征，从而进一步明确具身认知的文化属性及文化相关的边界条件。

---

① Bender A, Beller S. Nature and culture of finger counting: diversity and representational effects of an embodied cognitive tool [J]. Cognition, 2012, 124 (2): 156-182.

三、具身认知的文化特征及其形成

综观具身认知的文化差异，其表明，认知的具身化是有文化属性的、有边界条件的。但文化差异的论述仅仅是一种分散的、割裂的讨论，难以整体性把握这一文化相关的具身认知属性与边界条件是什么。而对于这一问题的考察，就有必要基于差异进一步深入分析特征以明确属性、边界的所指。进言之，基于方式、程度两方面的差异，可以把具身认知之文化特征归纳为方式、程度两种特征，即具身化方式、具身程度是文化特异的。而从差异的源起，则可推论文化特征的形成，也在于文化特异的身体感知运动、身体图式、身体观念等。进而，特征及其原因共同构成了文化相关的具身认知边界条件。

首先，文化特异的身体感知运动形成特异的具身化方式。这可基于文化对生物进化层面具身方式的定向塑造过程进行论述。一般而言，认知的具身性有着生物进化的基础。人的身体感知运动与认知或情感反应常相伴而生，例如，胜利中的挥拳，喜悦时的昂头等。但这种联结仅仅是一种可能，并不具有特异化的或一一对应的功能属性，也并不起决定性作用，且这种联结的真实发生需要某种特定情境的激活或唤醒。而文化，则既提供了这种特定的认知的背景或环境，又以其对行为的定向塑造与解读特异化了身体感知运动、强化了部分特定的联结。换言之，文化的涉入使得某些身体感知运动方式更为频繁地发生，进而使得部分身体—认知的对应关系更趋于稳定也更易发生，从而使之在其文化范围内更显著也更易激活，也自然就形成了文化特异的具身。

根据相关学者的研究[①]，这一过程可概述为三个递进的过程：第一，特定的文化环境会增加部分身体感知运动发生的频率。文化模式、习俗、规则等文化驱动力会鼓励、引导、强化符合本文化要求或期望的部分身体感

---

① Cohen D, Leung A K Y. The Hard Embodiment of Culture [J]. European Journal of Social Psychology, 2009, 39 (7): 1278-1289.

知觉运动、行为姿势等，进而促成文化特异的身体表达规则（也即符合文化期望的身体表达，行为或感知觉运动），从而使得部分感知觉运动及其经验相对更易获得。例如，泰国合十礼、欧美贴面礼分别促其文化中的个体更易发生相应感知运动。这意味着，文化差异导致各身体感知运动发生频率的差异，而符合文化驱力的则相应更为频繁地发生。第二，这种文化驱力还会激发、促进抑或强化频繁发生的身体感知运动与部分基本认知、情绪反应间的某种联结，使原本非特异的、非文化的联结在相应的文化环境内更可能、更显著、更易被触发，从而形成文化特异的联结、映射或耦合。例如，前述突尼斯阿拉伯语境中愤怒与骆驼咆哮的联结就源于这种文化特异的强化。这意味着，文化差异导致各身体感知运动与认知耦合或联结程度的差异，而符合文化驱力的则相应更为稳定、通达。第三，基本的认知、情绪反应通常会激活或唤醒多种更为复杂的概念或心理表征，而文化特有的价值取向、理想观念等意义系统会引导或促成这种基本的认知、情绪与符合文化期望的高阶认知、复杂表征的耦合与联结，即，从基本具身认知到具身社会认知的文化特异。同时，文化、人的自主能动性及身体—低阶认知—高阶认知联结的反复发生，使得身体感知运动可以绕过基本认知或情绪反应而直接与复杂表征相联。其既可能是一种多次经验基础上的学习的泛化[1]，也可能仅仅是一种文化经验的身体化表达。例如，各文化中的图腾现象。[2] 文化内群体之于其文化中的图腾认知，很大程度就源于图腾行为中最为基本的身体姿态、身体动作等。也即，个体通过姿态、动作感受图腾的内在意义（高阶认知）。这意味着，身体感知运动与认知的映射或联结并非都是直接具有生物进化基础的，或言并非都是直接以基本的具身认知为基础的，存在着基本具身认知之外的文化特异的高阶具身认知。在某种程度上，这种无生物基础的、高阶认知的具身包含了更多的文化经验、文

---

[1] Cohen D, Leung A K Y. The Hard Embodiment of Culture [J]. European Journal of Social Psychology，2009，39（7）：1278-1289.
[2] Cohen D, Leung A K Y. The Hard Embodiment of Culture [J]. European Journal of Social Psychology，2009，39（7）：1278-1289.

化性元素，更具有文化特异的意味。综观这一过程，文化驱动力能增加符合文化期望的身体感知运动的发生频率，且强化这种频繁发生的身体感知运动与认知、情绪反应间的联结，从而形成文化特异的具身化方式。

其次，文化特异的身体图式亦能促成特异的具身化方式。文化特异的身体感知运动更多的是在讨论实际的身体感知、行为等，而个体看待这些实际身体感知运动的心理视角、对其的心理表征等也是文化特异的，也促成文化特异的具身认知。如前述亚裔美国人与欧裔美国人分别以他人、自我为中心看待身体空间位置、时空运动，分别有着亚洲强调集体和谐、欧洲重视自我的文化特色。在很大程度上，这是由于处于特定文化中的个体受该文化关于社会关系、社会地位等观念的教化与规训，为了更好地实现特定的文化期望，易将抽象的文化性、社会性关系或视角观念等具身化为看待身体空间位置、身体运动的心理视角。这就使得个体对其身体及其运动的心理表征或身体图式被赋予特定的文化属性特征。反过来，个体又基于这种特异的身体图式建构时空隐喻、社会认知等，从而使得这种认知的具身化方式也更具文化特征。由此而言，个体的身体图式或言对身体空间运动的心理表征是文化特异的，体现着相应的文化特征。

最后，文化特异的身体观促成特异的有意识的具身程度强弱。身体观关乎个体如何看待、认识身体的结构、功能、价值、意义等，不仅影响个体如何运用身体（实现认知、调节情绪），更影响个体有目的地运用身体的意识及程度。前述中西身体观的差异及其对认知具身程度的影响意味着，具身认知的强弱程度是文化特异的。尊身的身体观更可能表现出有意识、有目的地运用身体而形成具身倾向（强具身），而抑身的身体观则更可能表现为有意识地抵制身体而形成离身倾向（弱具身）。由此而言，文化特异的身体观能促成个体是否有意识地运用身体及运用程度、如何运用，进而促成不同程度的认知具身化，这就使具身认知在强弱程度层面呈现出显著的文化特征、文化属性。

综上而言，具身认知的文化特征可概括为：具身化方式的文化特异、具身化程度的文化特异两个方面，也即二者具有文化属性。其中，方式的文化属性表现为感知运动与认知间映射或耦合关系是有文化属性的，通常由文化特异的身体感知方式、身体图式促成；而程度的文化属性表现为是否有意识运用身体及其程度是有文化属性的，通常由文化特异的身体观促成。这也就意味着，可以在引起具身效应的特定方式层面说具身是有方式选择上的文化特征的，也可以在运用身体进行认知的意识程度层面说具身是有程度强弱上的文化特征的。

那么，这种文化差异与文化属性意味着什么？对于理解具身认知的基本属性又有什么作用？进言之，具身认知的文化特征属性意味着文化能调节具身，而文化调节下方式与程度的差异则暗示着具身认知的发生发展是有着文化层面的边界条件的。那么，这种边界条件是什么？这可以从上述文化差异与特征的形成过程来思考。在这一过程中，文化特异的身体感知运动、身体图式、身体观等，不仅调节具身化方式的选择，还影响具身化程度的强弱。推而广之，特定认知情境中的感知运动、身体图式、身体观是否是文化特异或符合相应文化情境需要，就决定了具身效应是否发生以及如何发生等。由此而言，文化相关的边界条件指向的是文化特异的感知运动、身体图式、身体观等。更进一步，在相应文化情境中，三者之所以能左右具身的发生发展，体现的则是特定具身认知方式的恒常显著性、通达性、可用性等。对于特定身体感知方式或具身方式而言，符合文化期望也即具备特异文化属性的，常常是通达、可用的，因而也就更易发生相应的具身效应。综言之，文化相关的边界条件由文化特异的感知运动、身体图式、身体观构成，而判断的依据则可以是匹配与否，是否恒常显著、通达、可用等。

具身认知的区域文化特征、边界条件仅仅是一种自上而下的、先验的、固定的特质，其是否会随着文化的时代变迁而变化？这有待于纵向比较具身认知的文化属性，即考察其时代文化差异。

第四节　时代文化差异

上述所言具身认知的文化差异是以地理或人口学为变量界定文化，并从静态、宏观的视角横向比较不同文化对具身性的影响，这里蕴含的潜在假设是文化自上而下地影响具身。然而，文化并非尽然如此，它还是流动的历史的发展，还存在身体感知运动自下而上的文化建构。因而，对于具身认知的文化属性、边界条件的把握，有必要纵向追踪文化的时代变迁，考察技术进步、文化变迁等对身体感知运动经验的变革，及其之于认知具身性的影响，而其结果所展现的则是具身认知的时代文化差异或时代特征。这种时代性表明，文化特异的具身认知，其方式、程度并非天然固定的，而会发生变化、会有解离的可能；而新的具身方式、新的特点的产生也进一步佐证了文化相关的边界条件的存在。基于当前文化发展的融合趋势、智能化趋势，具身认知时代文化差异将围绕文化混搭、数字文化两个层面展开。

一、文化混搭与多元具身框架

过往文化的总体特征及其对具身认知的影响。在论述当前文化新趋势、具身认知新特色之前，有必要先讨论过往文化的总体特征及其对具身认知的影响，以作为比较的基础，更好地理解当前文化变迁之于具身认知的影响。具体而言，较之于当前文化的快速流变、频繁碰撞，历史发展中的各区域、民族文化较为拘囿于各自的历史时空中传承而维持着相对的稳定。尽管历史发展中各文化之间的碰撞、交流、融合等从未间断，但限于时空距离、传播技术等的制约，这种低频的文化交流并未能实质性地促进各地区、民族文化冲破其疆域限制而形成普遍的、世界性的影响。相应的，彼时不同文化群体中的个体较难接触、内化母体文化之外的第二文化，很大程度上仅受单一母体文化影响、仅享有单文化经验。因此，彼时的身体感知运动及其解读等多由单文化塑造，彼时的具身认知之文化特征近似于特质，持续而恒常。概言之，较之于当前，彼时的文化更多的是拘囿或被定义在某一特定区域内的、具有清晰边界的封闭的一体性的存在，彼时的具身认知之文化特征所着重强调的是文化间的异质性、本土契合性等。

相反，当前的文化表现为一种混搭趋势，其促使了个体多元文化经验的形成。伴随全球化发展，文化混搭或汇聚成为新常态，多元文化体验与经验更易得。随着现代文化交流方式逐步丰富，文化互动频率更加频繁，文化多元理念也逐步深入，这使得原本封闭于特定区域内的文化不断冲破边界，相互流转、借用与融合[①]，各文化间形成一种交织共在性的发展。相比之前，此时某一地区或民族的文化不再是相互有机一体的存在而趋于碎片化，各地区或民族文化之间也不再是以往有着清晰界限的存在而转为相互交织汇聚，各种不同文化、不同元素越来越多地在同一情境同时出现，一种新的文化常态逐渐形成，文化混搭。[②] 所谓文化混搭，是指不同文化元素在同一情境中的并存、交织。[③] 在心理学视域内，还包括个体自身对不同文化经验的混合[④]。它所指向的是多元文化汇聚，既强调文化对个体影响的部分性、异质性、多样性，又关注文化之间的交互性、动态性、演化性等[⑤]。较之于前，此时的文化混搭现象给予个体以多种文化体验的可能，潜移默化地影响或重塑个体的心理、行为等。它既促使特定文化中的个体选择性地学习、内化自身文化系统中的习俗规范、价值理念而不愿全盘接受；又激发个体有意无意地接纳、摄取抑或排斥其他文化。由此，个体既可能受同一文化的异质性影响，也可能体验多元文化而被多种文化交互影响，从而得以认知、内化多种文化系统，积累多元文化经验等。

---

① 赵旭东. 个体自觉、问题意识与本土人类学构建 [J]. 青海民族研究, 2014, 25 (4): 7-15.
② 翟贤亮, 葛鲁嘉. 心理学本土化研究中的边际品性及其超越 [J]. 华中师范大学学报（人文社会科学版）, 2017, 56 (03): 170-176.
③ 赵志裕, 吴莹. 文化混搭：文化与心理研究的新里程 [M]. //杨宜音, 主编. 中国社会心理学评论（第八辑）. 北京：社会科学文献出版社, 2015: 1-18＋276-277.
④ 彭璐珞, 郑晓莹, 彭泗清, 等. 文化混搭研究：综述与展望 [C]. 中国社会心理学会 2013 年年会暨首届文化心理学高峰论坛、湖北省心理学会 2013 年年会, 2013.
⑤ 彭璐珞, 郑晓莹, 彭泗清. 文化混搭：研究现状与发展方向 [J]. 心理科学进展, 2017, 25 (7): 1240-1250.

进而，个体基于多元文化经验而建构多元具身认知框架。受文化混搭与多元文化影响，此时的身体感知运动及其经验也更多地蒙上多元文化色彩，促成多元文化具身框架及其转换。具体而言，较之于前，此时的身体感知运动更多地发生于文化混搭或汇聚的情境，又更频繁地被多元文化因素所左右对它的解释、解读等。频繁的混搭或转换足以强化新的感知运动且提高其恒常可用性，从而使得身体与认知的联结也可能发生新的变化以适应多元化需要。可以认为，从最基本的身体感知运动及其经验解读到复杂的具身表征，文化混搭与多元文化体验对个体具身认知的影响贯穿生成特定具身认知的全程。进言之，较之于前，此时的个体既能接触、内化两种或两种以上文化特异的具身认知，又会因个体惯习、文化整合等的不同而重塑或获得异于任何文化的异质性的具身。这使得个体同一身体感知运动系统得以拥有两种或两种以上的经验体系或构念网络，从而建构出多元文化具身框架。综言之，这种多元文化具身框架是相比于前述文化特异化的具身而言的，其源于文化混搭新常态之于身体感知运动的改变，是自下而上建构的。

进一步，在具体认知过程中，这种多元文化具身框架是内在流转的。多元文化具身框架一旦形成，则又能以自上而下的方式在不同情境或文化线索下根据情境需要而转换，动态性地引导或驱动个体的具身认知，促使个体可以根据不同线索做出与文化、情境一致的反应。根据前述具身认知的文化差异，可以推测出这种转换既包括实际的身体感知运动方式及其解读、身体与认知联结方式的转换，还包括身体运动的心理表征（身体图式）的转换，同时还涵括有目的运用身体认知的意识程度的变化（具身强弱的变化）。这种转换的关键在于文化或情境线索的启动，包括单文化线索启动、多元文化线索同时启动两种情况。之于前者，个体虽拥有两类或两类以上的文化特异的具身认知系统，但不同文化线索并未同时呈现（分别出现于不同情境），因而个体仍仅处于某一种文化情境。此时，单一文化线索的启动可以提高相应具身方式的暂时易得性、可用抑或通达性，也足以使个体从这种心理状态中提取文化意义，或言有意无意地转换具身文化框架而生成情境一致的具身认知。之于后者，多元文化交织并存、同时呈现，个体处于真正意义上的多元文化混搭或汇聚情境。此时，多元文化线索既可能同时启动多种文化特异的具身认知体系，还可能因文化认同、整合程度的不同而有所偏倚，抑或因过往具身经验的新近性、可用性及当前具身方式的易得程度等而倾向于个体多元具身框架内的某一种。这在某种程度上意味着，文化混搭增加了个体文化习得中的可选择性，而个体形成的多元文化具身框架很可能因个体选择的不同而异质，从而凸显出个体性因素之于具身认知的影响。

综上而言，文化混搭新常态使得个体更易于获得多元文化经验，从而形成多元具身认知框架。在具体的认知情境中，个体可依赖情境线索而有选择地在多元具身框架之间转换，进而生成特定的具身认知效应。

进一步，这种文化混搭与多元文化具身框架及其转换体现出具身认知的文化情境依赖性、动态建构性，更彰显了具身认知的文化情境边界条件。其一，文化混搭新常态下更突出现时文化情境之于具身的影响，彰显的是具身认知的现时文化情境属性。具体而言，文化混搭赋予个体多种文化经验的可能，使单一文化范围内原有的描述、解释或塑造认知之具身性的本土传统受到挑战甚至解离，也为不同的具身传统交互作用、发挥各自特色提供了可能。这就使得个体可能依据多种文化情境经验而解离（原有具身模式）、再构从而生成多元具身框架。在现时认知过程中，现时的文化情境则决定着具身方式的选择，也决定着具身的解读。由此，文化混搭新常态更彰显具身认知的文化情境属性。其二，多元具身框架所突出的是具身认知的动态可变性、建构性特征或属性。多元具身框架本就是在多元文化体验下建构的，其在一定程度上弱化了具身认知的文化特异性，使得具身认知的发生、发展具有更多的可能，也更为开放多元、可塑多变。同时，多元之间的转换则再一次体现了当下现时文化情境的作用。现时的文化情境决定了多元具身框架转换中的选择与倾向，最为直接地影响着具身效应的发生、发展。从而，也进一步突出了具身认知的现时文化情境属性。其三，现时文化情境的这种调节作用，进一步彰显的是具身认知发生发展的情境边界条件。特定的具身认知方式仅能在特定的文化情境中发生,而特定文化情境也意味着对应的具身方式,也即当下的现时文化情境左右着具身认知是否发生又如何发生的可能。在多元具身框架转换中,这个选择的标准也即边界条件,可能在于具身方式与当前现时文化情境的匹配。较为匹配的,则具有更好的暂时通达性、可用性而被选择或表现出来。尽管实验实证研究仍较鲜见,但少有的多文化经验被试研究仍能有力地启发或指向具身认知这一文化情境属性与边界条件特征。这种不同文化背景被试表现出的具身效应差异直接验证了具身认知的发生发展是有边界条件的,对具身认知的研究,需要置于现时的文化情境条件中考察。

综观之,文化混搭新常态及多元文化经验促成了多元具身认知框架,体现出具身认知的文化情境依赖性、动态建构性,更彰显了具身认知的文化情境边界条件。这一边界条件可能在于具身方式与当前现时文化情境的匹配。如若匹配,则能获得一种暂时通达性、可用性而生成相应的具身认知。

二、数字文化与虚拟具身

文化混搭之外,当前文化发展的另一大趋势则在于技术对文化的改造,表现为智能化、数字化发展。这种数字化方向的深入不仅极大地改变了个体的身体感知运动经验的获得,还能够形成一种虚拟具身,为探究具身认知的文化属性与边界条件问题提供了新的基础。

首先需要指出的是科技之于文化形态的塑造作用,以为从技术层面探究具身认知的文化属性奠定基础。在历史发展中,科技的持续进步往往能够创造新的生活空间、生活工具、生活方式,自下而上地变革社会文化形态。反观当前,智能、网络、虚拟现实等新技术进展不断丰富或改变着个体的日常生活环境、行为方式等,正催生出一种新的文化形态:数字文化(或言信息文化、智能文化)。这种新的信息文化形态及其数字化技术,从日常的键盘打字、触屏到更高端的虚拟现实,在最基本的身体感知运动层面改变着个体的动作、行为方式,也因此变革着认知的具身化方式、程度等。

　　一方面，数字文化依托数字化工具或技术极大地改变了个体的身体感知运动经验的获得。所谓数字文化，是以数字化技术广泛应用于社会生活为主要特征而形成的新的文化形态。它是信息时代的产物，主要表现为社会生活的日益数字化、网络化、智能化、虚拟化发展。信息文化不仅仅改变生活、交流方式，也在更深层次上重塑个体与事物交互的方式，从而改变认知、改变理解。如社交软件的使用，大大缩小了社交的时空距离，很大程度上改变着社交中时空知觉的建构等。究其对身体、对认知的影响而言，主要是由信息文化的物质载体——数字化工具所实现的。这主要表现为两个方面：一是改变身体感知注意模式，一是改变身体感知觉整合或联结。以阅读、写作中身体感知运动经验的改变为例。在各级教育或日常生活中，阅读和写作越来越数字化，通常是阅读网络信息而不是纸质材料，通常是用键盘而不是用笔和纸来写作。其一，就身体感知注意模式而言，随着个体越来越多地运用与适应数字化阅读与写作，其身体感知注意模式正被新媒介文化、数字化工具所重塑[1]，浅层注意模式正趋于主导。一般而言，每一个数字化工具或媒介的使用都会不同程度地促进一部分身体注意方式，而同时削弱另一部分。具体到数字化的阅读终端而言，其正使得主流的深层注意能力被一种非常不稳定的浅层注意力类型所取代。[2][3] 在之前的报纸、杂志主导时代，个体的扫描、浏览等浅层注意能力与深度阅读、思考等深度注意能力几乎同等重要。阅读、写作中，浏览信息等浅层注意是为了筛选信息、为了进一步地学习、思考等的需要，而个体也更可能长时间地专注于某一信息、某一问题而深入分析、思考。但在当下，手机等数字化工具极大地提高了信息流动性、丰富了信息的可获得性等，而个体

---

[1] Pereira A C. The Phenomenology of Brain, Embodiment, and Technology-Contemporary Culture Challenges [J]. Social Science Electronic Publishing, 2016, 7: 10-14.

[2] Pereira A C. The Phenomenology of Brain, Embodiment, and Technology-Contemporary Culture Challenges [J]. Social Science Electronic Publishing, 2016, 7: 10-14.

[3] Merzenich, Michael. Soft-wired: How the New Science of Brain Plasticity Can Change your Life [M]. CA: Parnassus, 2013.

对数字化工具的使用也使其得以能够频繁地接触不同信息抑或在不同领域、类型的信息间频繁转换。这就使得"略读"正在成为学习、分析的首选方法，使得浏览等浅层注意正成为日常认知的主流。可以认为，网络等数字化技术或工具正打破固有的感知注意习惯，正重置注意或认知模式。其二，就身体感知觉整合或联结而言，越来越多地使用基于触屏等技术的数字化阅读写作工具，使得触觉—视觉联结正取代动作—视觉联合成为主导而重塑认知发展。[1] 在过去，儿童学习写作意味着小写和大写字母的纸笔练习。而在今天，很多儿童使用各种键盘、平板电脑或数字手写笔获取第一次的写作经验。纸笔练习中，主要是身体感觉运动与视觉相结合。这种身体感觉运动不仅有助于字母的形状识别与定位、文字记忆等，同时还促进阅读中的字母感知、分类。[2] 而在利用键盘、平板电脑练习写作时，触觉视觉的联合较多，且文字字体较为单一，可能导致儿童更受限制的符号分类。[3] 同时，日常生活中频繁的触屏运用也使得触觉与视觉联结的发生更频繁，很大程度上强化了这种变化。值得注意的是，触屏等数字化技术或工具对于身体感知运动、对于认知的改变并不一定意味着消极的结果，它可以促进广泛而复杂的视觉空间技能的发展。例如，有学者曾研究指出："视频游戏技能预测腹腔镜手术技能。"[4]

另一方面，信息文化依托虚拟现实技术使得虚拟具身成为可能，直接改变了具身认知的可获得性。当前，虚拟现实（VR）技术越来越容易被公众所接触、接受。这种虚拟现实技术可以创造虚拟环境丰富身体感知运动体验，临时性地改变或拓展身体感知运动习惯，从而解离、改善特异化的具身方式或效应。同时，其还能以虚拟身体改变身体图式从而影响物理环

---

[1] Karavanidou, E. Is Handwriting Relevant in the Digital Era？ [J]. Antistasis，2017，7：153-164.

[2] Mangen A，Balsvik L. Pen or Keyboard in Beginning Writing Instruction？ Some perspectives from embodied cognition [J]. Trends in Neuroscience & Education，2016，5（3）：99-106.

[3] Karavanidou, E. Is Handwriting Relevant in the Digital Era？ [J]. Antistasis，2017，7：153-164.

[4] Pereira A C. The Phenomenology of Brain，Embodiment，and Technology-Contemporary Culture Challenges [J]. Social Science Electronic Publishing，2016，7：10-14.

境中的具身认知。其一，虚拟现实技术可以创造虚拟环境丰富身体感知运动体验。虚拟并不是真实的对立面，相反，它是个体得以经历、体验真实的一个途径或组成部分。虚拟现实技术能通过电子媒介创造出模仿真实情况的虚拟环境或空间，并有效连接用户的脑、身体与虚拟环境空间，使得个体沉浸其中，进而促使个体与虚拟环境的动态交互体验成为可能。而这种沉浸式的虚拟交互体验方式，通常是在物理世界中不可能的，但其又会影响或作用于物理或真实环境中的具身体验（虚拟与现实具身化交互作用）。[1]例如，玩主体视角（第一人称视角）的射击游戏时感到心悸，又如虚拟驾驶技术训练等。这意味着，虚拟现实为个体提供了一种理解真实的途径，提供了一种拓展现有具身经验的实现形式。而认知具身化的形成，也并不必然依赖物理空间。其二，虚拟现实等技术使得特异化的具身认知方式可能被暂时解除或解离。例如，关于惯用手与空间效价的关系。一般而言，惯用手方向的空间倾向于积极效价，非惯用手一边倾向于消极效价。[2]而利用虚拟现实技术改变对左右利手的感知，能在一定程度上暂时弱化甚至改变这种空间效价关系。这些结果表明，虚拟空间得以暂时改变个体的身体感知运动流畅度、可获得性等。更广泛地说，这些研究结果还在一定程度上表明，暂时性地改变身体与环境的相互作用，可能会影响个体的认知功能。其三，虚拟身体能重塑身体图式而影响具身认知。在虚拟现实中，个体能够基于虚拟身体的可供性体验身体的变化、创建基于虚拟身体的心理模型或图式。同时，这种虚拟身体及其身体图式能基于情境、环境创造不同的社会意义。例如，在虚拟现实研究中，被试基于虚拟的外貌特征改变物理环境中的行为。在虚拟世界中，相比于被设置为矮的被试，

---

[1] Bailey J O, Bailenson J N, Casasanto D. When Does Virtual Embodiment Change Our Minds? [J]. Presence, 2016, 25 (2): 222-233.
[2] Casasanto D, Chrysikou E G. When left is "right". Motor fluency shapes abstract concepts [J]. Psychological Science, 2011, 22 (4): 419.

被设定为高的被试其在现实谈判中表现得更果断。[①] 这意味着，虚拟身体能够暂时性地改变个体的身体图式而促成新的具身认知的生成。概言之，虚拟现实技术可以创造虚拟环境以丰富身体感知运动体验，从而临时性地改变、解离或拓展身体感知运动习惯。而这种虚拟现实中的身体感知运动经验将会影响现实物理环境中的身体感知运动，也即虚拟现实技术使得虚拟具身成为可能，这就直接改变了具身认知何以发生以及如何发生等。

综上而言，从日常的键盘打字、触屏到更高端的虚拟现实，数字或信息文化及其技术在最基本的身体感知运动层面改变着个体的动作、行为方式、感知整合，不仅极大地改变了个体的身体感知运动经验的获得，还能够形成一种虚拟具身，不断重新塑造认知的具身化方式、程度以符合时代文化的期望。由此而言，文化特异的具身认知在数字文化的冲击下正在被重新塑造。

进而，这种由数字文化与虚拟具身带来的具身变化进一步彰显了具身认知的时代文化属性、技术文化依赖性及动态建构性。这可以从两个方面解读：其一，新的具身方式或具身认知的不断变化、生成正是源于新的时代性的数字文化诉求、期望及其技术。数字文化的大趋势对当下的个体形成了一种普遍的数字化发展的期望，推进着其不断适应数字文化生活；而这种适应使得时代性的数字化工具、技术得以能改变身体感知注意模式、改变身体感知觉整合或联结，甚至创造虚拟环境而丰富、拓展身体感知运动体验，从而直接改变感知运动经验的获得、改变具身认知的可获得性等。在这一适应与改变的过程中，数字文化的导向、期望为具身认知赋予了时代文化、技术文化色彩，体现出其时代文化属性、技术文化依赖性等。其二，这种不断改变、生成的过程本身体现出具身认知是可动态建构的。时代文化或数字化技术对具身认知的重塑本就表明，特定具身方式能否发生、

---

① Yee N, Bailenson J N, Ducheneaut N. The Proteus effect implications of transformed digital self-representation on online and offline behavior [J]. Communication Research, 2009, 36 (2): 285-312.

发展并不必然是固定不变的。例如，特定文化中主流的文化特异的具身认知也并非持续不变的实体，它在时代文化诉求、个体与文化的交互过程中被建构并不断被重新定义。可以认为，时代性的数字文化、虚拟具身等彰显着具身认知的时代文化属性、动态建构性等。

更进一步，时代文化属性、动态建构性为探究具身认知的文化边界条件问题提供了新的基础。一方面，文化特异的具身方式的不断解离、重塑、新生意味着文化边界条件也并不是固定不变的。不断生成的具身可能会突破旧有的边界限制，也即边界条件可能会相应的拓展。另一方面，这并不能说明文化边界条件可以消逝或不存在。如虚拟具身等新的具身认知的形成也是在特定的感知环境、感知运动经验基础上生成的，这些特定的环境、感知体验依然是相应的具身认知的边界条件所在。换言之，边界条件是与具身认知的发生同时生成的，新的具身方式的生成必然意味着一种边界条件的设定。同时这种边界条件必然是文化相关的，甚至是时代文化相关的，这是由于其是在特定的文化背景中生成的、是在满足时代文化期望的过程中生成的。这也就意味着，具身认知的文化情境边界条件是持续存在的，仅是形式、边界范围等会发生相应的变化。同时，这还意味着文化情境与个体内在感知模式的匹配也依然是一个判定标准抑或说边界条件之一。无论具身方式如何变化、时代文化情境如何诉求，只有当情境与内在模式匹配时，才有可能生成相应的具身。由此可以认为，文化、技术等之于具身的改变仅仅是形式的改变，仅仅是各模式通达性、可用性的改变，并不能生成无条件、无基础的全新的具身认知。

综上而言，具身认知不断被时代文化所重新塑造、建构，是具有时代文化特征、技术文化特征的。新的具身的建构也意味着，文化特异的具身方式仅仅是各种形式的一种可能，而其他未被表现出来的具身并没有消失或不存在，只是一种暂时性的、未满足边界条件的未达显著。

第五节 小结:从文化属性到文化相关的边界条件

基于具身认知的文化属性辨析文化相关的具身边界条件,也即生成某一具身认知效应所应满足的文化条件。综观具身认知的区域文化差异与时代文化差异,一个综合的论述是:具身认知有着明显的文化特异的具身方式、具身程度差异,彰显着其区域文化的独特性;但这种特异性并非生而预制的固定不变的实体,文化混搭、数字文化发展等可不断解离文化特异的具身认知而形成符合时代要求的新具身,彰显着其时代文化特性。由此而言,具身认知既具有区域文化属性、又具有时代文化属性。这种文化属性并非生而具有的,而恰是在生物进化基础上或基本具身认知基础上,通过文化涉入、文化教化、文化期望而实现的。涉入、教化、期望的表达既可能是通过提高身体感知运动频率或身体—认知联结频率、身体图式、身体观来展开,以此实现文化特异;还可能是通过时代发展下的文化混搭、文化技术变革而改变身体感知运动经验的可获得性来展开,二者均能建构具身、赋予具身认知以相应的文化属性特征。可以认为,这一文化属性本身、形成过程及其彰显的文化差异指明了具身认知是有着文化边界条件的,而具身认知文化属性、差异的生成则恰恰反映了文化边界条件的生成。

如何理解文化相关的具身认知边界条件(具身认知的文化边界)?其一,有必要理清文化相关的边界条件的具体所指。这可以从文化的作用过程审视。表面看,在文化的作用过程中,文化特异的身体感知运动、身体图式、身体观、多元文化体验、虚拟具身体验等不仅调节具身化方式的选择,还影响具身化程度的强弱,可以被视为边界条件的所在。但这仅仅是单方面的,如若作为判断依据,还需要特定的文化情境作为前提参照。换言之,在现实的多变的认知情境中,具身效应的取向需要感知运动、身体图式、身体观等与当下现时文化情境之间匹配。由此,一个更为完善的对文化相关的边界条件指向的论述是,文化特异的感知运动、身体图式、身体观等与当下现时文化情境的匹配。换言之,可依据是否匹配来探究具身认知效应是否发生以及如何发生。其二，边界条件所指向的匹配标准在实质上体现的是特定具身认知方式在当下情境中的恒常显著性、通达性、可用性等。个体某一感知运动的文化特异化发展源于其发生频率的提高，而频繁发生也就保证了文化能够提供一种恒常显著性，使相应身体感知运动更可用、通达。在现实认知过程中，个体内在的文化特异的具身模式与当下文化情境的相互匹配，也即是获得了一种可用性、通达性，因而也就更易发生相应的具身效应。由此而言，匹配标准体现的是各具身模式在特定文化情境中是否具备恒常显著性、通达性、可用性，这也可以视为边界条件的另一种指向。其三，文化相关的边界条件既是恒常存在的，又是可变、可扩的。每一具身认知的生成都有着特定的文化情境前提，这一前提即意味着边界条件。从而可以认为，文化相关的边界条件是与具身认知的发生同时生成的，是恒常存在的。但这种恒常性并非不可变，其边界范围等可因具身认知的重塑而相应拓展、改变。例如，虚拟具身就在一定程度上意味着具身边界条件的拓展。综言之，对于文化相关的边界条件的理解，需要厘清其具体所指，又要明白其何种意义上可变何种意义上恒常。

更进一步，基于文化特征与边界条件反思具身的基本属性或本质问题。一方面，具身认知的文化属性与文化边界条件使得其在方式、程度层面不断变异，意味着某一具身认知并不是预先确定的实体，它在整个交互过程中被构造并不断被重新定义。这里突出的是具身认知的可建构、可塑性。另一方面，文化特征与边界条件在更为基础的层面意味着，身体与认知并不是相互独立的二元要素，而是互动与共生的同一文化过程。[①] 此一过程既表现为认知模式本身的变化，其同构于文化特异的感知经验；又表现为身体感知运动经验的变化，反映着认知本身的文化取向等。这种身体与认知间互动、共生的同一文化过程的揭示也意味着，对于具身认知的把握，是需要文化视角的介入的，是需要考虑文化边界条件的。

---

① 秦晓伟. 文化建构的身体——福柯与埃利亚斯对身体的话语分析 [J]. 黔南民族师范学院学报，2009，29（01）：40-44.

综上而言，文化差异的考查在于指明具身认知是有着文化属性的，其发生发展是需要满足文化相关的文化边界条件的。这种文化相关的边界条件的前提性反思，不仅仅是针对无文化限制的泛化具身困境以祛除泛化问题，更是要通过确立文化相关的边界条件以重新定位具身，重塑具身观，重塑具身、离身关系等，也即实现文化层面的祛魅与新立。

第六章　具身认知的个体差异与边界条件

由前述研究可得，具身的方式不是随意的、偶然的，具身的程度不是固化的、一成不变的。对这种变异性的考察，前述物理生理、发展、文化的视角还并不充分。文化的、发展的视角仅仅是"亚人"的视角，真正回到人本身，还需要观照生活，这就需要基于人的日常习惯与现实的生活情境引入个体化视角的考察。换言之，发展的、文化的因素虽有影响，但并不一定起决定性作用，其作用的发挥还需要个体的实践来实现。因而，个体间差异也许更值得深入探究。个体间身体特异的感知运动经验、感受性等，形成个体独特的具身风格、具身水平，这对于更为全面地认识具身认知之基本属性、边界条件无疑是有益的。

第一节　具身认知与个体化

个体差异何以可能，或何以成为具身认知研究中一个需要关注的问题？简言之，它能够更直接地彰显具身认知的基本属性，利于进一步明确具身化的边界条件，从而提高具身认知理论的现实解释力。

首先，具身认知理论对身体的强调本就意味着个体差异、个体化维度的需要。这可以从具身认知理论的基本核心概念进行理解。具身认知理论虽各有倾向，但一个普遍的共识性的或根本性的主张明确指出，认知是身体的认知。其根植于身体、环境及二者的互动之中，是具身的、情境的、系统的、生成的认知。[①] 以身体为核心视角去阐释，身体的物理生理状态与结构、身体的感知运动能力与方式以及身体的感知觉运动体验与经验等提供了直接的认知内容，决定了认知加工或生成过程进行的方式和步骤，也直接构成认知本身。可以认为，认知是由身体及其感知运动直接塑造生成的。这意味着，身体在认知的生成中起着枢轴的作用而具有一定的决定性意义，一定程度上左右着个体如何具身地认知世界。而身体，是个体化的身体，是变化的有着个体间差异的身体，这将影响具身的过程、认知的生成。尽管身体的物理生理结构、感知运动方式与能力、体验与经验有着生物进化与文化规训等基础上的相似性，但并不尽然相同。其受遗传、家庭、个体习惯等因素交互影响，在身体感知运动及其经验特征上彼此相异。基于身体之于认知的决定性意义，这种个体间的身体差异既可能提供不同的具身性内容，也可能影响认知的具身化过程、方式及水平等。这指明了，身体的个体差异可能促成具身方式或程度的差异化发展。同时，超越身体之外，具身理论更注重身体与环境的交互，强调动态的系统的生成理念。但是，交互的方式可能有着个体倾向的差异，生成的理念也暗含着因时因地因人而异的变化，这意味着具身认知的个体差异的可能。综言之，具身理论对身体、对生成、对环境交互的强调本就暗含着一种个体差异视角的需要。

其次，有关身体属性的相对性差异使得个体层面的探究成为必要的维度。前述对具身认知之物理生理属性、年龄特征、文化特质的考察虽然指明了具身认知的发生是有边界条件的，但这一边界并不十分清晰。其所涉及的各种身体属性也多是相对具有普遍性意义的一般化条件，缺少更为细致的、直接的变量元素。如文化内的差异，年龄发展之外的心理成长，物理生理之外的心理环境等，这些直接与个体相关的、直接决定认知发生发展的因素并未考察。这种缺失也使得具身认知之于特例化个体的发生条件难以明确界定。具体而言，对应前述具身各属性可分述之：

[①] 翟贤亮. 挺身于世：探析中国古代心理学思想的具身性 [D]. 长春：吉林大学，2015.

第一，相对于物理生理属性，身体本身有着物理生理的个体差异。一般而言，身体本身的状态、结构、姿势等在最基本的层面决定了认知的具身过程。然而，最基本的物理生理身体也是有着个体间差异化的，而这种差异将会影响个体的认知实践而形成不同的具身倾向。例如，左右利手不同的个体形成不同的空间情绪效价影响词汇语义加工。[①] 由此，就物理生理身体存在的个体化差异而言，有必要进一步探究具身认知的个体化差异。

第二，相对于年龄特征，具身认知的毕生发展规律之外，有着心理成长之于心理发展的内在超越，更凸显个体感知运动经验的相对差异。一般而言，个体的具身认知受个体年龄差异、心理发展所限，有着年龄特征、毕生发展规律等。然而，这并不能涵括具身认知在个体毕生成长中的一切。一方面，具身认知的年龄特征、毕生发展规律仅仅重在揭示具身方式、程度的年龄差异，反映的是同龄个体间的相似性、一致性等。其在一定程度上忽视了同龄个体间的差异。另一方面，发展的视角重在考察身体随年龄增长所产生的生理机能、感知运动能力方式的变化之于认知具身化的影响，其所展现的是对身体机能、感知运动能力或方式的侧重，而忽视了更为个体化的身体感知运动经验对认知具身化的作用（不能把身体感知经验降格为某一具体的感知运动形式）。身体感知运动经验是一个随年龄增长的内在积累与提升过程，主要体现为心理成长。心理成长是基于心理发展的内在超越，更多地着重于心理和心性，着重于成长与提升。[②] 相比于心理发展对具身认知一般性发展规律的揭示，心理成长视角更能体现具身认知的个体间差异。它受个体特殊的认知实践影响，是基于个体感知运动经验的内在建构。具体而言，心理发展是基于生理生物状态的成熟、发展而言的，有着随年龄的前进也有着随年龄的衰退，而伴随这一过程的是成长性的身体感知运动经验的日益积累。心理成长基于感知运动能力方式的改变、实践

---

① 殷融，曲方炳，叶浩生."右好左坏"和"左好右坏"——利手与左右空间情感效价的关联性[J]. 心理科学进展，2012，20（12）：1971-1979.

② 葛鲁嘉. 心理成长论本——超越心理发展的心理学主张[J]. 陕西师范大学学报（哲学社会科学版），2010，39（03）：5-10.

的积累而持续地变化、生成甚或创造,且迭代累积,或连续或跳跃地内在绵延、提升。这种个体化的心理成长与感知运动经验的积累既能持续地作用于个体之于身体感知运动的解读与解释,又直接重塑着个体的感知能力、运动方式等,由此形成认知具身化的个体差异。综言之,心理发展之外有着心理成长,其展现出个性化的身体经验的内在超越而影响具身化过程,因而也就有必要探究具身认知的个体差异。

第三,相对于文化属性,尽管认知的具身性是历史的文化的发展而群体内相对一致,但个体的文化习得与内化是相对差异的。如具身认知的文化特征所展现的那样,具身认知受个体所处文化的教化与规训,是历史的文化的发展。一般而言,个体通常习得、内化自身所属的文化体系以符合、满足文化期望,因而个体的身体感知运动及其经验、身体观念及图式等常由特定文化内的价值观念、风俗民约、制度规则、行为习惯等所制约、塑造。这使得个体的具身化程度、具身方式等得以与文化内他人相对一致,也使得特定文化内的具身认知为其群体所"共有"。但这并不意味着文化内的个体均等地接受"共有文化",也不能保证个体的文化习得、内化完全一致。一方面,文化之于个体并非均等可得。文化塑造功能的发挥是需要通过媒介工具、社会事件、家庭环境、学校教育等多种渠道、方式来实现的。而这些渠道、方式之于每个个体都是有差异的,使得个体并不能均等、一致地受文化教化或规训,因而也就并不能全然接触、接受所有文化。另一方面,个体之于文化的习得与内化是一个有差异的创造性的过程。个体是一个能动的活生生的主体,具有一个活生生的身体、一个能动的认知系统,有着自我选择、自我调节的能力。这使得个体在与文化的交互中能够有所选择、有所取舍,而非机器般的被形塑。这种自主的选择得以促进个体之于文化的消化、积累、运用成为一个差异化的乃至创造性的发展过程,即创造性的文化习得与内化。而伴随这一过程,个体独特的具身模式、认知构造等得以发生、发展,形成一个相对稳定的具身认知风格。综言之,具身认知虽具文化属性而为文化内群体所共有,但个体的文化习得与内化却是创造性的、有差异的、有选择的。这就有必要探究文化内的个体具身差异以提高具身理论的现实解释力。

第四,文化对具身认知的影响象征着认知、身体是嵌入环境中的,而环境的效用因心理环境的建构而有相对的差异。如具身理论普遍认同的那样,身体是嵌于环境之中的,环境塑造着认知的具身过程等。然而,同一环境之于不同个体而有不同的心理建构,生成个体化的心理环境而异质的影响具身。心理环境是基于物理的、情境的或社会意义的环境之上的,是被个体觉知到的、把握成的、创造出的环境,是对个体而言最为直接、最为切近的环境。① 这种觉知、把握与创造的过程既受个体身体感知能力的限制,又由个体体验与经验、认知取向与风格、认知目标与策略等所形塑,因而是内在的、有着个体化差异的。而这种个体化的心理建构本身,也把外在的、间接的、一般化的环境转化为内在的、直接的、独特的心理环境而直接作用于具身化过程。换言之,客观的物理环境、认知情境或被认知对象等虽与身体直接接触,但其效用或意义的生成却受个体主观的心理环境建构等影响。可以认为,真正对具身过程起作用的并非环境本身,而是个体对环境的心理建构。综言之,身体所处环境被个体异质地理解和把握而生成不同的意义,而鉴于环境之于具身的塑造,也就有必要探究具身的个体化差异。

由上而言,这种身体相关的相对差异影响着认知的具身作用范围及具身认知理论的现实解释力,有必要以此追踪具身认知的边界条件。

最后,就现实层面而言,当前文化混搭与个体自觉②之于具身认知的重构使得个体层面的探究成为必要的维度。一方面,文化混搭提高了彼此异质性具身的可能。文化混搭是伴随全球化发展与文化多元主义而逐渐形成的一种文化新常态,主要指不同文化元素在同一情境中的并存、交织现

---

① 葛鲁嘉. 心理环境论说——关于心理学对象环境的重新理解[J]. 陕西师范大学学报(哲学社会科学版),2006(01):103-108.
② 翟贤亮,葛鲁嘉. 本土自觉:心理学本土化的边际人格困境及其超越[J]. 心理学探新,2017,37(04):291-295.

象。[1] 它所指向的是多元文化汇聚，突出的是文化对个体影响的部分性、多样性与异质性。较之于前，这种文化混搭新常态使得原本封闭于特定区域内的文化不断冲破边界，相互流转、借用、融合，而交织、共在，给予个体以多种文化体验的可能。相应的，此时的身体感知运动及其经验受多种文化的混合形塑，也更多地蒙上多元文化色彩。个体既能接触、内化两种或两种以上文化特异的具身化模式，又可能因习惯、文化整合等的不同而重塑或获得异于任何文化的彼此异质性的具身。概言之，文化混搭可能使得个体间的具身差异更为显著。另一方面，个体自觉可能促进具身认知的个体化趋势。所谓个体自觉，可简单理解为个体对自我的意识。[2] 赵旭东认为，个体自觉是个体自我存在的全面觉醒，包括个体身体、物质与精神世界。[3] 现代化与后现代化进程中对个体自我选择、自我追求、自我满足等的追求形成一种普遍的去整体或去集体趋势，不仅催生出更强烈的个体价值追寻、个体特异化需要，而且造就了一种个体价值被优先认可的个体主义倾向的或言个体自觉倾向的社会氛围。相应的，这种个体自觉的倾向可能激发个体追求特异的身体形象、身体行为、身体感知运动方式等，从而潜移默化地促进一种个体化的彼此异质的具身认知。由此可以认为，文化混搭提供了多种选择、多种整合及差异化的可能，而个体自觉则使得这种多样化的选择、整合更趋于个体化，从而更易形成异质性的具身认知。这就使得具身认知的个体间差异可能已远远超出文化差异而成为具身研究、具身理论必须要面对的问题之一。

而现有的部分研究已经表明，个体差异确是明确具身边界条件、完善具身理论过程中一个需要探究、值得探究的维度。例如，克劳斯·格拉曼

---

[1] 赵志裕，吴莹. 文化混搭：文化与心理研究的新里程 [M]. //杨宜音，主编. 中国社会心理学评论（第八辑）. 北京：社会科学文献出版社，2015：1-18+276-277.
[2] 李伟. 教育的根本使命：培育个体"生命自觉"[J]. 高等教育研究，2012，33（04）：26-34.
[3] 赵旭东. 个体自觉、问题意识与本土人类学构建 [J]. 青海民族研究，2014，25（04）：7-15.

(Klaus Gramann)探究了有关空间具身认知中空间参考框架的个体差异[1],还有学者探究了荣辱、"脸面"、尊严等具身性的个体差异[2]。这种个体差异层面的研究无疑对更好地把握具身认知的基本属性是有益的。同时,个体差异能够进一步明确边界条件,提高具身理论的心理似然性或认知似然性等,或者说能够使具身认知研究更具可操作性。

综言之,一方面,具身认知理论对身体的强调本就意味着个体差异、个体化维度的需要,另一方面,现实的文化混搭、个体自觉使得具身认知的个体间差异可能已远远超出前述年龄、文化差异而成为具身研究、具身理论必须要面对的问题之一。同时,上述个体差异之于具身认知的影响意味着,个体化层面的边界条件是提高具身理论现实解释力、心理似然性的关键所在,理应成为探究边界条件、把握具身本质的一个必要维度。

第二节 如何考察个体差异

既然个体差异的考察是一个必要维度,那么何以考察具身认知的个体化发展,或如何研究、把握、理解具身认知的个体化特征,就成为首要面对的问题。面对这一问题,首先需要理出具身认知的个体差异指向的是什么,即何谓具身认知的个体差异,这构成考察的目标;其次,分析其背后的影响因素,这构成考察的范围或内容取向等。

首先,何谓具身认知的个体差异?简言之,其是指个体在认知的各具身化维度上彼此不同。这就有必要率先考察具身化维度的问题。基于前述对具身认知过程的分析,可以归结为两个维度:具身程度、具身模式。一、具身程度,其是基于个体在认知过程中认知与身体感知运动经验的相互作

---

[1] Klaus G. Embodiment of Spatial Reference Frames and Individual Differences in Reference Frame Proclivity [J]. Spatial Cognition & Computation, 2013, 13 (1): 1-25.

[2] Leung A K, Cohen D. Within- and between-culture Variation: Individual differences and the cultural logics of honor, face, and dignity cultures [J]. Journal of Personality & Social Psychology, 2011, 100 (3): 507.

用程度而言的。因而，其既涵括身体对认知的作用程度，又关涉认知对身体感知运动的调用或激活水平。在具体的认知活动中，前者体现为认知受身体感知运动经验影响或依赖身体感知运动体验的程度，可由认知加工过程中身体感知运动及其经验作用效力的大小来判断；后者体现为某一认知活动对相关身体感知运动系统的激活程度，可由对应的身体感知运动系统的调用频率、激活脑区范围来判断。对每一个体而言，二者是相互作用、互为塑造的，身体对认知的作用程度的大小通常意味着认知对身体感知运动系统激活程度的高低，反之亦然。同时，二者共同促成个体内在的具身程度外化为一种等级或状态，可借由水平来表述。这意味着，对个体间具身程度差异的考察可由具身水平的判定来展开。二、具身模式，即认知何以具身、如何具身，指形成具身认知的内在机制，一般是基于个体在认知过程中认知与身体感知运动类型的对应、耦合关系而言的。由此可以认为，其既指向某一认知过程激活或依赖的身体感知运动类型，又指向某一身体感知运动方式唤起的认知类型、认知加工。由于二者均由个体日常的身体感知运动习惯所塑造，因此可以认为二者是相互强化、同构共生的。进而，二者共同促成个体信息加工过程中相对稳定的、个性化的、一贯性的偏好模式，从而形成独特的具身风格。可以认为，具身风格是个体内在具身模式的一贯的外在表现形式。这意味着，可借由对具身风格的考察来分析具身模式的个体差异。综言之，基于上述分析可以认为，个体间的具身认知差异涵括具身程度差异、具身模式差异两个方面，分别指向或体现为具身水平的高低、具身风格的异同。因此，对具身认知个体差异的把握，既能够又有必要借由对具身水平、具身风格的考察来实现。

同时，基于对具身认知个体差异的界定，个体相关的边界条件可以被认为是，生成某一具身效应或发生具身认知所应满足的个体化条件。

其次，基于此，有必要分析其潜在的影响因素以界定考察的范围或内容取向。在一般意义上，具身化过程中一切与个体相关的因素都有造成个体差异的潜在可能、都是需要考察的内容。就这些要素而言，一般可以归纳为身体、环境及认知本身三个方面。一、身体层面，其是与个体认知最为切近、最为直接的，因而身体相关的差异是首要分析的层面。进一步而言，个体间身体的相关差异既有物理生理层面的身体差异，又有身体感知运动模式及其经验差异。其中，物理生理身体限定了个体感知运动的活动范围与发生方式，而身体感知运动模式及其经验本身则限定了特定感知运动的发生频率，二者直接作用于个体日常的身体感知运动的发生发展，从而促成个体一贯的偏好的身体特异化的感知运动习惯。换言之，个体的身体感知运动习惯是个体身体感知运动能力、模式、经验的综合的外在体现。由此，可以把身体感知运动能力、模式、经验的影响约略为身体感知运动习惯的影响。二、环境层面，其对个体的影响需要通过个体的心理建构——即心理环境来实现，而心理环境作为个体内在的建构是个体化的、彼此异质的。因而，心理环境也可能直接促成具身认知的个体差异。进一步而言，心理环境是个体对其身体所处环境、所面对认知对象等的觉知、把握与建构，在很大程度上受限于个体的身体感受性。换言之，身体感受性是个体心理环境建构或环境发挥影响的关键所在。由此，可以把环境的影响约略为身体感受性的作用。三、认知层面，面对同样的认知任务或情境，个体间有着认知风格、认知策略、认知动机等差异，可能左右个体是否受身体、环境的影响及如何影响，因而也可能促使个体的具身认知差异。综而论之，身体的差异能够决定个体与环境的交互方式而直接影响着心理环境的建构，也在最基本的层面限定认知策略、方式的选择；而环境的差异、认知目标策略等经由身体感受性影响而左右身体感知方式的选择、经验的获得。同时，认知策略等对身体感知运动的影响也可能间接地形塑个体对环境的把握、对环境的心理建构。由此可以认为，身体的差异是核心，即个体具身认知差异在很大程度上是经由身体的相关差异生成的。综言之，基于上述分析可以认为，身体感知运动习惯、身体感受性差异可能是潜在的主要作用因素。因而，有必要以此探究个体具身认知差异的关键影响因素或边界条件。

综上而言，具身认知的个体差异可以进一步明确为，个体受身体感知运动习惯、身体感受性差异影响而在具身风格、具身水平上彼此相异。由此，具身风格、具身水平就成为探究具身认知个体差异的两个构成性维度，而身体感知运动习惯、身体感受性则作为潜在的主要影响因素进行分析。基于这一界定，可进一步探究具身认知的个体差异是如何体现又是如何形成的，从而更进一步理解具身认知的基本属性、个体差异相关的边界条件等。

第三节 具身风格

在心理学研究领域，对个体在认知、个性等方面一贯的外在表现方式及其个体间差异进行的描述，通常以风格指称，如认知风格。由此，可用具身风格来指称个体在某一具身认知过程中表现出来的习惯化的偏好反应模式、方式。进言之，作为具身模式在个体化层面的代称，具身风格是对个体惯常各具身模式共性的一种概括性描述，更突出个体化、一贯化特征。因而，其在一般意义上与具身模式的含义是一致的。由此，同具身模式一致，具身风格也可以被认为是基于个体在认知过程中认知与身体感知运动类型的对应、耦合关系而言的，其既指向某一认知过程激活或依赖的身体感知运动类型，又指向某一身体感知运动方式唤起的认知类型、认知加工，二者是相互强化、同构共生的。作为个体持久一贯的特有模式，具身风格是身体特异的，其源于个体日常的身体感知运动习惯而相对稳定，也可能因体验的改变而产生临时性的变化。而这种变异性则突出了个体相关的具身边界条件。

一、具身风格的差异性

如上所言，具身风格言指个体在具身认知过程中表现出来的习惯化的偏好反应模式，它象征着个体间惯常的具身方式差异。这种差异的产生，主要源于具身风格形成过程中感知运动习惯的个体差异。

具身风格的形成过程：感知运动习惯的养成直接促成惯常持久的具身风格。首先，有必要阐述感知运动习惯的形成。一般而言，习惯源于日常行为，感知运动习惯亦然如此。可以认为，感知运动行为塑造感知运动习惯。具体而论，一方面，个体的感知运动行为在最基本的生理层面受其感知运动能力、经验的限定而仅在有限的范围内发生、发展；另一方面，个体受文化的教化与规训、家庭环境的塑造、自我学习的积累等因素作用而促使某一种或几种特定类型的感知运动较为突出显著、反复发生。经过一定时间的养成、巩固，这部分相对于某一个体较为突出、反复发生的身体感知运动类型将逐渐固定，演化为自动化的反应倾向，终成个体化的身体感知运动习惯。其次，感知运动习惯生成惯常持久的具身风格。感知运动习惯一旦形成，便成为一种动力定型，不仅能强化某一感知运动类型的发生，而且驱使这种身体感知运动与某一特定认知过程的联结或映射更可能、更频繁。进而言之，个体之于某一特定认知活动过程中，这种反复发生的联结或映射日益积累，使得相应的具身方式趋于自动化发展而固定下来，终成一种典型或风格。

具身风格的差异性：在形成过程中，感知运动行为习惯的差异直接促成具身风格的差异性。第一，感知运动习惯是有个体差异的，这是由个体日常感知运动行为差异及其主观选择差异形成的。具体而言，一方面，基于上述对形成过程的分析可知，感知运动行为既有生理机体基础、又有文化教化的作用。生理机体有着天然的个体间差异，其在最基本的先天层面导致感知运动行为差异；而文化之于个体的教化虽基本相同，但却并非均等、一致的，因此其在生理差异基础上更进一步促成感知运动行为的个体间差异。另一方面，感知行为的发生还有着个体的主观选择，而选择的差异也会加剧原本个体间感知运动行为的差异。由此，差异化感知运动行为基础上形成的感知运动习惯也就因人而异。第二，感知运动习惯差异直接促成具身风格的差异。同样基于上述过程的分析可知，具身风格直接源于感知运动习惯的累积，而在这一累积过程中，感知运动习惯的个体差异也一同日益延续而趋于固定，也即意味着这种差异也是惯常持久的。由此可以认为，具身风格差异是伴随具身风格的形成过程产生的，言具身风格必有差异之意。

进而，关于个体间的具身风格差异，已有理论与实证两个层面的支持。在理论层面，有学者基于身体特异假设①，认为不同的身体感知及其经验形塑不同的具身模式，因而基于个体感知运动习惯生成的具身风格（模式）也是身体特异、彼此有别的。这为具身风格差异提供了理论佐证。而在实证层面，研究者基于身体特异假设对惯用手与空间情感关系的研究例证了个体具身风格的差异。② 一般而言，具身理论的相关研究已经发现，用手习惯通常与空间效价相连而对相应空间的认知对象易形成积极或消极的认知判断。③ 然而，个体间的用手习惯是有着左右差异的，这就促成了左右空间效价及其认知判断的差异。类似的，最近的实验表明，个体的感知运动习惯差异影响词汇理解过程中感知运动系统的激活，也例证了个体间的具身认知风格差异。例如，有学者研究指出，用手习惯影响手部动作词汇语义加工过程中的运动激活。他们发现，在词汇理解与抉择任务中，右利手者激活左前运动皮质，而左利手者激活右前运动皮质。④ 这表明，有关手部动作动词语义的动作组成成分是身体特异的，被个体惯常的感知运动所塑造。另外，关于洁净隐喻的研究也证明了具身风格的差异。说谎后，有的被试倾向于清洁脸部，而有些被试倾向于清洁手部。这表明，洁净隐喻激活的身体感知运动方式也是身体特异的。综言之，具身风格由个体的感知运动习惯所塑造，惯常持久、彼此相依。

二、具身风格的变异

尽管个体的具身风格是惯常的、持久的，但并非不可改变。身体感知运动习惯的变迁抑或操作条件下身体体验的临时改变，均可能重新塑造个

---

① Casasanto D. Embodiment of Abstract Concepts: Good and bad in right-and left-handers [J]. Journal of Experimental Psychology General，2009，138 (3)：351-367.

② Casasanto D. Embodiment of Abstract Concepts: Good and bad in right-and left-handers [J]. Journal of Experimental Psychology General，2009，138 (3)：351-367.

③ Casasanto D, Jasmin K. Good and Bad in the Hands of Politicians: Spontaneous gestures during positive and negative speech [J]. Plos One，2010，5 (7)：e11805.

④ Willems R M, Toni I, Hagoort P, et al. Neural Dissociations between Action Verb Understanding and Motor Imagery [J]. Cognitive Neuroscience Journal of，2010，22 (10)：2387-2400.

体的具身风格或模式。对个体具身风格变异现象的理解，可以基于对感知运动习惯的重新解读展开。

习惯之于具身风格的塑造可约略归结为流畅动作。作为一种具有动机或驱动功能的行为反应倾向，身体感知运动习惯及其行为无须意志的努力而趋于自动化。其既直接生成于某一流畅动作，又随着经验优势的积累而直接促使相应动作更为显著（相比于潜在的可能的其他感知反应）、易得、流畅。以惯用手为例。生理抑或先天左右手力量、灵活性等的不均衡使得个体有着惯用左或右手的倾向，而用手习惯的形成进一步加剧了左右手差异，使得个体的利手行为或动作更为流畅，利手经验更为丰富、易得。这意味着，身体感知运动流畅性是习惯得以发生、发展、变化的关键所在。因而，可以把习惯的影响约略归结为流畅度的影响。即，可以约略认为，习惯之于具身风格的塑造源于动作流畅。

那么，改变惯常运动的流畅度，是否意味着具身风格或模式的改变？以惯用手与空间效价的关联为例。有关空间情绪效价的研究发现，个体认知活动中，运动流畅性的差异会促使其生成不同的情绪感受。相比于不流畅运动体验，较为流畅的运动体验则会促使个体对认知对象形成更为积极的认知评价、情绪感受。[1] 以此可以解释，左右利手流畅的运动体验为何与对应空间的积极认知评价相连。而当左右利手抑或动作流畅发生翻转时，对应空间的情感效价也相应改变。例如，当右利手个体右侧偏瘫时，其左手活动会更加频繁而流畅，也较多地将左侧空间与积极事物相关联。[2] 这意味着，用手习惯及其运动流畅性的翻转会导致个体左右空间情感效价的改变。这也就意味着，惯常运动流畅度的改变能够重塑具身风格或模式。

进一步，短期的、暂时的流畅度改变，对于具身模式又会有何种影响？通过一定的行为操作（如穿戴沉重手套）可以临时性地改变左右手动作的

---

[1] 殷融，曲方炳，叶浩生."右好左坏"和"左好右坏"——利手与左右空间情感效价的关联性 [J]. 心理科学进展，2012，20（12）：1071-1079.

[2] Casasanto D, Chrysikou E G. When Left is "right". Motor Fluency Shapes Abstract Concepts [J]. Psychological Science, 2011, 22 (4): 419-422.

流畅程度从而探求其影响。研究发现，右利手个体右手穿戴手套以使其左手运动更为流畅时，右利手个体更可能对左侧空间形成积极评价，左利手个体亦有相似的改变。[①] 这意味着，较之于惯常的经验，当下的临时的体验的作用更为直接、更具优势，可以临时性地改变个体惯常的具身风格。同时，这也意味着感知运动经验的新近性之于具身方式的选择也是有一定决定意义的。

综上而言，无论是长期的还是暂时的，流畅体验的改变都会带来具身风格的变化。这意味着，具身风格虽是持久、一贯的，但并非不可变化。那么，决定其变与不变的关键是什么？具身风格的恒常持久与可变性之于具身认知基本属性意味着什么？对于这些问题的回答就构成了具身风格层面之于具身认知边界条件的解读。

三、具身风格相关的边界条件

综观具身风格的形成、差异性与变异性，变与不变的矛盾意味着一种边界条件的存在。基于个体感知运动习惯之于具身风格的直接性、决定性作用，可以将其视为一种判断标准也即边界条件。进言之，习惯象征着一种动作流畅性，因此可以将流畅度等的大小视为边界条件的另一种表达方式。

首先，感知运动习惯与边界条件。在具身风格的形成、变异中，最为突出的是感知运动习惯，其起着决定性作用。一方面，具身风格的形成源于感知运动习惯，正是习惯的动力定型、惯常持久使得具身风格日益凸显。另一方面，也正是感知运动习惯的改变直接左右具身风格的发展。固有习惯的长久改变可以重塑具身风格，而临时性的操作条件以打破个体的固有习惯也能暂时改变个体的具身认知模式（风格）。可以认为，感知运动习惯之于个体具身风格的决定性、调节性作用意味着具身风格的形成是有边界

---

① Casasanto D, Chrysikou E G. When Left is "right". Motor Fluency Shapes Abstract Concepts [J]. Psychological Science, 2011, 22 (4): 419-422.

条件限制的，指明了习惯可作为一种边界条件或标准而判断具身认知的发生、发展。换言之，只有当感知运动形成习惯之时，才可以言说其具有特定的具身风格；而只有当认知情境满足个体感知习惯或具身风格时，才可能呈现出具身效应。综言之，具身风格的变与不变意味着一种边界条件的存在，而感知运动习惯之于具身风格发生发展的关键作用则意味着其可作为一种边界条件而存在。进一步，习惯凸显的是一种动作流畅性，因而，可以从流畅度切入进一步审视边界条件。

其次，动作流畅度与边界条件。如上所言，感知运动习惯象征着动作的流畅通达，这种流畅性、通达性程度内在地决定着具身风格、具身效应的发生发展。由此，可以从个体动作流畅性切入分析具身风格的形成过程，从而提取出更多的影响性因素。基于上述分析，可以归结为：动作的流畅度、具身模式通达性、经验优势（易得），三者逐次塑造，共同作用于具身风格的变与不变。第一，动作流畅是根本。动作流畅是感知运动习惯之所以为习惯的最为直接的体现。具体而言，具身风格源于感知运动习惯的塑造，而感知运动习惯却有着身体感知运动能力的基础与限制，有着文化的教化与规训，还有着自我能动的调节等多因素的共同作用。但无论哪种因素，落实到具体的认知活动中，其最直接的作用方式便是行为、动作，其作用效果最直接的表现也体现为相应动作的流畅程度。第二，基于流畅动作而成通达的具身模式。在伴随或与认知相连的多种身体感知运动中，流畅程度相对较高的更有可能直接构成或影响认知。这使得认知与流畅运动的联结或映射更为可行、可用、易得。随着其多次发生，这种联结逐步固化为一种模式而趋于自动化，从而使得相应的具身模式更为通达或可用（例如右利手者，右空间更容易为"积极"判断）。第三，在个体日常的认知活动中，相较于其他具身模式而言，这种流畅动作及其形成的通达模式有着更高的发生频率而积累更多经验，终成一种经验优势得以自上而下地引导或塑造具身风格。综论之，三者逐次塑造，共同作用于个体具身风格的形成、发展、变化：流畅动作促成相应具身模式更为通达，且逐步形成经验优势而渐成一种风格。由此可以认为，动作的流畅度、具身模式通达性、经验优势均可以作为判断具身风格有无的一种边界条件。那些流畅、通达而具有优势的具身模式就可以被视为具身风格，而认知中具身效应的发生方式也往往是以流畅、通达而具有优势的具身模式展现出来。

最后，需要指出的是，在这一过程中动作流畅是根本，其发展变化会引起具身模式通达程度、经验优势的连锁反应而重塑具身模式或风格。具体而言，当身体动作的流畅程度发生变化时，相应具身模式的通达程度（可用性可得性等）也会同向转变，进而使得不同模式的经验积累逐步翻转。一般情况下，转变后的流畅程度是惯常持久的，但也会受环境、任务等影响而有临时的改变。这种临时的流畅会使得相应具身模式在当下更为通达（相较于惯常的风格模式），进而形成更为直接、切近、可用的体验（相比于惯常的经验）以作用于认知活动。这意味着，当下的体验最为直接、切近，也更流畅、更通达，能够弱化甚至覆盖惯常经验的优势而影响认知。

综言之，具身风格源于个体日常的身体感知运动习惯，是个体在某一具身认知过程中一贯的外在表现方式或偏好反应模式，其惯常持久、因人而异，但也可能因体验的改变而产生临时性的变化。这种变与不变恰恰体现了边界条件的存在，而感知运动习惯、动作流畅性等则象征着边界条件而可以作为一种判断标准。

第四节　具身水平

具身风格仅仅是个体具身认知差异的一个维度，其另一个维度在于个体具身程度强弱的不同。在心理学中，对于个体在某种效应、反应上一贯表现出的等级、状态、程度等常以水平代称。因而，有必要以具身水平来指称个体惯常的具身程度。个体具身水平的高低差异源于身体感受性的灵敏程度。在一般情况下，二者呈正相关关系。但其又受多种因素的调节，并不必然正相关。这种变异性则突出了水平相关的具身边界条件。

一、具身水平差异的一般规律

具身水平主要指个体在具身认知过程中表现出来的一贯的程度强弱，它象征着个体间的具身程度差异。在一般意义上，个体间具身水平的差异主要源于身体感受性的差异，较高的身体感受性通常意味着较强的具身水平。

首先，有必要简述何谓身体感受性。所谓身体感受性，是指个体对于身体等各种刺激的反应灵敏程度，一般由身体意识（Private Body Consciousness，PBC）[1]来测定。由于身体差异、刺激本身之于个体的显著性差异等，身体感受性往往是因人而异的。特别是对于身体内在刺激，一些个体常常比另一些更具感受性。正是这种身体感受性影响了个体具身认知的效应水平。

其次，何以言感受性是塑造、影响具身效应水平的关键？这可以依据具身认知理论对身体经验与环境的强调来分述：一方面，最近的一系列研究表明，影响具身效应发生、程度强弱的，并不是身体感知运动本身，而是其感知运动过程中生成的经验。[2] 直观地看，具身认知的产生源于身体感知运动，身体感知是关键。然而，相关研究表明并非如此。例如，有学者强调重要性—重量具身效应的内在驱力是重量感经验而非感知重量本身。[3] 类似的，有学者强调触感经验才是促成相应的具身效应的关键。[4] 概括地说，并不是身体感知的信号直接进入认知系统影响认知，而是身体感知信号转化为经验或言经过心理建构而作用于认知。那么，决定着从身体信号向心理信号（经验）转化的主要因素——身体感受性，便成为身体感知影

---

[1] Schnall S, Haidt J, Clore G L, et al. Disgust as Embodied Moral Judgment [J]. Personality & Social Psychology Bulletin, 2008, 34 (8): 1096-1109.

[2] Häfner M. When Body and Mind are Talking. Interoception moderates embodied cognition [J]. Experimental Psychology, 2013, 60 (4): 255-259.

[3] Jostmann N B, Lakens D, Schubert T W. Weight as An Embodiment of Importance [J]. Psychological Science, 2009, 20 (9): 1169-1174.

[4] Ackerman J M, Nocera C C, Bargh J A. Incidental Haptic Sensations Influence Social Judgments and Decisions [J]. Science, 2010, 328 (5986): 1712-1715.

响具身水平的关键所在。另一方面，一般而言，身体、认知嵌于环境，环境影响着具身效应的发生与否、水平高低。然而，环境并非直接作用于认知。它相对于个体而言是外在的，需经过个体对环境的心理建构转化为最为直接、切近的心理环境才能发挥效用。换言之，只有被个体把握到的、再建构的那部分环境才能影响认知、作用于具身。因此，影响个体在何种程度、何种广度、何种意义上把握身体所处环境的关键要素——身体感受性，便成为环境作用于具身效应程度的关键所在。基于此，尽管看似身体感知运动及其经验、环境直接影响着具身效应水平，但其背后的动力或关键，则是身体感受性的灵敏程度。进一步，由于个体间身体感受性有着强弱差异，由身体感受性决定的具身水平也是有差异的，且有着一般规律。

最后，具身水平差异的一般规律，或，身体感受性如何影响具身水平？一般而言，具身水平与身体感受性呈正相关，高的身体感受性通常意味着相对较高的具身效应水平。具体而言，高身体感受性个体对于身体内部信号、环境刺激更为敏感，能最大程度上把握这些信号，从而最大可能地转化为认知过程中可资利用的经验性信息或判断依据。因而，高身体感受性个体更可能受身体、环境信号的影响，从而形成更强的具身效应水平。这可以通过洁净隐喻、重量—重要性隐喻等相关实验进行更为详细的分析。重量—重要性隐喻研究中感受性之于具身效应水平的作用。有学者基于被试身体感受性的大小探究重量—重要性隐喻，研究发现，身体感受性高的个体，重量感对于其重要性判断的影响更高、具有更强的具身效应。[①] 这意味着，高感受性往往形成更高的具身水平。洁净—道德隐喻研究中关于感受性影响的相关实验例证。例如，有学者在测量感受性的基础上研究发现，相比于低感受性或敏感性个体，感受性强的个体经历躯体厌恶经验（如接触肮脏设备、处于堆满垃圾的房间等）后更可能、也更严格地批判道德越

---

① Häfner M. When Body and Mind are Talking. Interoception moderates embodied cognition [J]. Experimental Psychology, 2013, 60 (4): 255-259.

轨。① 类似的，还有学者研究发现，高厌恶敏感性的模拟陪审员有着对嫌疑人的定罪偏见，他们倾向于认为犯罪嫌疑人试图掩盖罪行而应受更大的惩罚、判处更长的刑期等。② 而在最近，更有学者推进一步，其在关涉纯洁的道德事件之外，更进一步探究厌恶敏感程度的影响。③ 其发现，高厌恶敏感个体对非纯洁性质的，如违背社会习俗，道德越轨行为仍表现出更强烈的谴责。

综言之，高身体感受性个体所表现出的洁净效应更强。这意味着，其对于身体感知觉信号或体验更为敏感、更为关注，更有可能依赖这种身体感知线索进行认知判断等。可以认为，在一般意义上，高身体感受性个体的具身效应水平也相对较强。

二、具身水平一般规律的不适用

尽管个体的身体感受性与具身水平有着相对普遍的正相关关系，但并不意味着这种关系总是成立的。当特定相关条件被引入时，这种身体感受性之于具身水平的一般性影响或作用程度也将发生变化。这可以从高感受性个体、低感受性个体两个方面论述。

其一，对于高感受性个体而言，并不意味着一定生成高具身水平。尽管高感受性个体更易于、也能更大程度地感受到身体内部刺激，但这些被感受到的刺激信号能否或能在多大程度上发挥效用、实质性地促成具身效应，仍有着其他条件的调节，如认知风格、注意、认知目的等。就已开展的研究而言，可归纳、推测出两种潜在的调节因素左右着感受性之于具身水平的影响。一方面，认知风格或偏好调节着感受性之于具身水平的影响。当高感受性个体因认知偏好、认知风格等而惯常地不信任身体感知经验，

---

① Schnall S, Haidt J, Clore G L, et al. Disgust as Embodied Moral Judgment [J]. Personality & Social Psychology Bulletin, 2008, 34 (8): 1096-1109.
② Jones A, Fitness J. Moral Hypervigilance: The influence of disgust sensitivity in the moral domain [J]. Emotion, 2008, 8 (6): 613-627.
③ Chapman H A, Anderson A K. Trait Physical Disgust is Related to Moral Judgments Outside of the Purity Domain [J]. Emotion, 2014, 14 (2): 341-348.

即使感受到足够多的身体感知觉运动信息，仍可能不产生具身效应。换言之，如果更信任直觉，那么被感知到的信息就可能最大限度地产生作用，也就意味着更高具身水平的可能。例如，有学者探究了知觉信任度之于洁净道德隐喻或具身效应水平的影响。他们发现，当人们想象自己书写了一封欺诈性邮件后，越信任直觉的个体越倾向于购买手部清洁用品。[1] 这意味着，对于直觉抑或感受性的信任程度影响着个体具身水平的高低。推论之，直觉信任仅仅是认知风格或认知偏好的一种，其他认知风格也可能以某种未知的方式影响着身体感受性效用的发挥。例如，场独立与场依存型个体，对于环境等线索的依赖是有很大差异的。场依存型个体更易受环境因素的影响，这可能意味着其更倾向于相信直觉与感受，可能有更大的具身效应水平。然而，这仅仅是为了说明认知风格影响感受性效用的一个推测，还需实证的支持。另一方面，意识注意调节具身水平的高低。一般而言，当个体有意识地注意到潜在的身体感知觉影响时，其可能出于认知目的、策略等而有意抑制身体感知信息的影响。[2] 对于高感受性个体，其对身体感知信号的敏感使得其更可能有意识地注意到身体感知信号，因而，其更可能有意纠正潜在偏差或主观弱化感受到的感知觉，也可能因此弱化具身效应。例如，有学者在关于重要性判断的具身效应研究中，通过调节物体重量或直接引导以促使被试有意识地注意重量感。他们发现，当个体有意识地注意到重量感可能影响到当下的重要性判断时，具身效应水平显著降低。[3] 这意味着，对于身体感知运动信号的有意注意，很大程度上降低具身效应发生的可能。基于上述两方面可以认为，对于高感受性个体而言，其对身体感知的高敏感，也意味着引起有意注意的更大可能，同时又不能保证其对

---

[1] Ward S J, King L A. Individual Differences in Intuitive Processing Moderate Responses to Moral Transgressions [J]. Personality & Individual Differences, 2015, 87 (10): 230-235.

[2] Zestcott C A, Stone J, Landau M J. The Role of Conscious Attention in How Weight Serves as an Embodiment of Importance [J]. Personality & Social Psychology Bulletin, 2017, 43 (12): 1712-1723.

[3] Zestcott C A, Stone J, Landau M J. The Role of Conscious Attention in How Weight Serves as an Embodiment of Importance [J]. Personality & Social Psychology Bulletin, 2017, 43 (12): 1712-1723.

身体感知觉的信任，二者均影响具身水平的高低。由此而言，高感受性高具身水平的一般规律并不总是适用。那么，对于低感受性个体一定意味着较低的具身水平吗？

其二，对于低感受性个体，并不必然生成低具身水平。尽管低感受性个体对于身体感知信号不敏感，但并不意味着其不能感受到身体状态。从个体本身与客观被认知对象两维度分析，一方面，当被感知对象之于个体状态的改变不断加深，便有可能到达个体感受性阈值而被感受到。例如饥饿感、重量感等。有学者也曾假设，相比于高感受性个体，低感受性个体手持较重的物体时可能有具身水平的提升。[1] 尽管这一假设并未在其研究中得以验证，但仍能够说明存在着这样的可能：对于低感受性个体而言，并不总是表现为低具身水平的，感知对象本身的改变可能就可以促使其具身水平高低的变化。另一方面，当个体由于工作职业或身体习惯抑或特殊原因而具有某种特殊经验时，即使被测定为低感受性的个体，由于经验的积累与塑造，个体之于该类经验下的身体状态也会更为敏感，也就意味着这种情况下会有较高的具身水平。例如，强迫症患者，反复洗手的洁癖对于洁净或肮脏极为敏感，相应的洁净道德具身效应水平较高。[2] 这种特殊经验下易于常态的具身水平表明，感受性的大小与经验相关而可塑，具身水平的高低与个体惯常的行为模式相关，也是可以塑造的。

综上而言，尽管身体感受性的高低通常意味着具身效应水平的强弱，但并不总是如此。个体对于知觉的信任、对于身体感知状态的有意注意，抑或被感知对象本身的变化，均可能调节身体感受性之于具身水平的作用。而这种调节的存在，则又意味着一种边界条件。

---

[1] Zestcott C A, Stone J, Landau M J. The Role of Conscious Attention in How Weight Serves as an Embodiment of Importance [J]. Personality & Social Psychology Bulletin, 2017, 43 (12): 1712-1723.

[2] Reuven O, Liberman N, Dar R. The Effect of Physical Cleaning on Threatened Morality in Individuals With Obsessive-Compulsive Disorder [J]. Clinical Psychological Science, 2013, 2 (2): 224-229.

三、具身水平相关的边界条件

具身水平一般性规律的适用与不适用矛盾意味着水平高低及具身认知的发生发展是有边界条件的。其中，一般性规律在很大程度上表明了身体感受性可以作为判定具身水平高低的边界条件之一；而规律的不适用则意味着，身体感受性作为边界条件并不充分，还需要诸如认知策略、意识水平等条件作为参考。由此，可把身体感受性视为基本的边界条件，而其他则可作为相关参考条件。

首先，个体的具身水平既有常态、亦有特殊，是变化的。这种变化本身意味着一种边界，而影响变化的因素则可以视为边界条件。就其常态而言，个体的具身水平主要受身体感受性（作为一种身体意识，一般较为稳定）大小的影响而相对稳定，其与身体感受性呈正相关关系，一贯的表现为强具身或弱具身等。就其特殊情况而言，个体强弱具身水平并不是必然的。围绕身体感受性大小及其效用的发挥程度，在认知风格、认知偏好、有意注意等因素条件的调节下，惯常的具身水平可能会发生翻转。

其一，就认知风格的影响而言，它反映着个体是否信任直觉（身体感受）、是否依赖身体感知线索等，决定着身体感知信息或感受性的效用程度。当个体信任感知线索时，无论感受性大小，都会有着更强的具身效应；而当不信任时，即使高感受性个体，也可能有着具身弱化的倾向。由于认知风格的一贯性、自主性，因而，其对感受性效用发挥程度、对具身水平的影响可能是无意识的、持久的。其二，就有意注意而言，其影响直接与感受性大小有关。一般情况下，高感受性同时意味着更可能引起个体的有意注意，从而促使个体有意弱化感受到的信息或有意纠正以避免潜在的错误（身体感知觉的影响），进而导致具身效应的弱化。其三，客观被感知对象的变化也是影响具身水平高低的关键之一。当客观对象之于身体状态的变化越过感受性的临界值或阈值而足以激发个体感受时，低感受性个体也可能表现出较强的具身水平。由此而言，身体感受性、认知风格、有意注意、客观刺激等均可调节个体具身水平的高低，因此可以作为一种边界条件、标准去讨论具身效应如何以及何种程度上发生。其中,身体感受性大小决定着具身水平的一般性规律,可被视为基本的边界条件,而其他则可作为参考。

其次,个体具身水平的强弱变化现象在某种程度上意味着,个体具身水平高低及边界条件可能是感知类型特异的、可塑的。虽然感受性是个体一种近似于特质的较为稳定的身体意识,指向个体对自我各种身体状态的一种普遍的、较为一致的敏感程度。但无论是高低感受性个体,由于其日常生活经验、习惯等原因,均可能会对某一种或几种身体状态或感知觉运动类型更为敏感或迟滞。相较于个体惯常感受性的其他感知类型而言,个体在涵括这部分感知觉类型的认知活动中更可能表现为不同惯常的高或低具身水平。这意味着,具身水平的高低可能是相对于感知类型特异的。对于个体更为习惯的具身模式,则表现为强具身水平;而对于不习惯的,则表现为弱具身。例如,上述言及的洁癖等强迫症患者,对于手部清洗、洁净等更为敏感,在手部洁净—道德具身水平上更显著。再如,中西方关于手部、脸部具身效应的差异。[①] 同时,这种模式特异性、变化性也意味着,具身水平的高低是可塑的。通过特定或有意识的训练某种行为,可以改变相应的感受性高低,而在相应的认知活动中表现为更强或弱的具身水平。更进一步,这种特异性、可塑性同样指向了具身认知发生发展的边界条件,且表明了这种边界条件之于个体的特异性、可变性。可以认为,具身认知的边界条件是与个体差异相关的。

最后,在宏观上,可基于具身水平发生发展过程析出更主要的影响因素,以更好把握具身水平相关的边界条件:感受性、心理建构、通达的具身模式,三者共同作用。第一,身体感受性是基础,其受直觉自信、意识注意等多种条件限制,决定着具身水平的变化范围。第二,在身体感受性基础上,有着身体状态向心理状态、外部环境向心理环境的转变,即个体

---

① Lee S W, Tang H, Wan J, et al. A Cultural Look at Moral Purity: Wiping the face clean [J]. 2015, 6: 577.

化的心理建构。它直接决定着身体感知觉信息之于个体的意义、之于认知的作用程度,是具身过程的关键所在。① 第三,在认知活动中,环境是否被心理再建构、感受性效用的发挥程度,二者可共同促成具身模式的通达程度。这种通达性有着日常习惯的塑造,所反映的是经验优势或经验可用、易得程度,直接决定着具身效应的发生、发展及强弱变化。一般而言,在具体的认知活动中,个体较为通达的具身模式,往往表现出更强的具身水平。可以认为,身体层面的感受性是基础,心理建构是关键,通达模式是直接的、集中的体现。

综上而言,具身水平有着个体间的差异,亦有个体内不同认知活动的差异。它受感受性高低的影响,惯常的表现为正相关;而又受多条件限制,表现为一定的变化张力。这种可变在某种程度上意味着具身水平的可塑性,而被形塑为高通达程度的往往意味着高具身水平。这种变化本身意味着一种边界,而影响变化的身体感受性等因素则可视为边界条件。

第五节 小结:从个体差异到个体相关的边界条件

基于具身认知的个体差异辨析个体相关的边界条件,也即生成某一具身效应所应满足的个体化条件。综观上述个体间的具身风格、具身水平差异,一个综合的论述可以是:个体在认知过程中既有惯常持久的偏好的具身模式,又表现出一贯的具身程度强弱,二者共同决定、体现了具身认知的发生、发展是个体化的。但个体化并非天生固有,也并非不可改变,其能否展现出独特的具身风格(具身模式)、具身水平(具身程度)则需要满足特定的条件。就具身风格而言,独特的身体感知运动习惯使其更具流畅性,决定着具身风格的塑造。同时,临时的、更具新近性的感知运动经验也可能暂时地获得一种相对流畅性而改变固有的具身风格。就具身水平而

---

① Häfner M. When Body and Mind are Talking. Interoception moderates embodied cognition [J]. Experimental Psychology, 2013, 60 (4): 255-259.

言，受感受性高低的影响，惯常的表现为正相关；而又受多条件限制，表现为一定的变化张力。由此，具身水平、具身风格的变与不变恰恰体现了个体相关的具身认知边界的存在，而左右变与不变的因素则可以被视为边界条件所指。

那么，如何理解个体相关的边界条件？第一，有必要理清个体相关的边界条件的具体所指。就身体感知运动习惯之于具身风格、身体感受性之于具身水平的决定性影响而言，二者可以作为基础的边界条件。同时，出于新近性的身体感知经验、认知策略、有意注意等因素的调节作用，也可以将它们视作重要的边界条件。但这仅仅是单方面的，如若作为判断依据，还需要特定的认知情境作为前提参照。换言之，在现实的多变的认知情境中，判定具身认知是否发生如何发生，需考虑的是习惯、感受性等与当下现时认知情境之间是否匹配。可以认为，个体习惯与环境或任务要求等的相融、匹配程度很可能是决定具身认知表现或效应的关键所在。第二，个体边界条件所指向的匹配标准在实质上体现的是特定具身认知方式的动作流畅性。特定认知情境中，对个体相对更为流畅的具身模式更易发生。而流畅性可以是惯常的，也可以是暂时性的，它是相对于其他潜在的可能的具身方式而言的，并非绝对的一个数值。第三，个体相关的边界条件又是可变的、相对的。个体具身风格、具身水平的可塑性指明了个体是可以冲破固有习惯而形成新的具身认知的。

综上而言，既可以说个体相关的边界条件指向的是身体感知运动习惯、身体感受性以及与当下认知情境的匹配，又可以说其内在的体现为动作流畅性，且其之于个体是可变的、相对而言的。

更进一步，个体差异、个体相关的边界条件是前述物理生理属性、年龄特征属性、文化属性以及主观选择在个体身上的一个综合体现，意味着具身认知的发生、发展是一个复杂的、综合的、一体化的系统，是各种属性的同构、共生。对于每个个体而言，每一种具身既是"已成"的存在，又是"生成"的存在。"已成"言指，对于一个认知者而言，其生理基础、年龄阶段、所属文化等前提性暗设了所有具身的可能；"生成"言指这些已成的潜在的多种可能性能否真正显现或真实成为个体的具身风格、具身水平，则取决于个体本身在特定情境中的感知运动实践、体验，是由多种因素交互作用生成的。进言之，"已成""生成"的不同暗示着，在同样的物理生理、年龄、文化条件下，任何具身方式、具身程度对于每一个个体而言均是等可能性的，仅仅是由于感知运动习惯等的差异而凸显、形成不同的惯常偏好，而那部分未被凸显出的具身模式、程度并未消失。当其由于经验的改变而被再次激活或使得其动作更为流畅时，抑或临时性地改变惯常风格以符合当下情境的需要时，非固有的具身认知模式等会重新显现。同时，这种临时的改变也意味着当前、当下的体验之于认知的作用很有可能是强于惯常经验的。因此，诸如认知情境等影响个体当前体验的因素便也是值得思考的。这就把具身认知基本属性、边界条件问题的讨论方向从身体维度转向了认知本身维度。

综上而言，个体差异的考察在于指明具身认知是有着个体化属性的，其发生发展是需要满足个体相关的个体化边界条件的。这种个体相关的边界条件的前提性反思，不仅仅是针对忽视个体化差异的泛化具身困境以祛除泛化问题，更是要通过确立个体相关的边界条件以重新定位具身，重塑具身观，重塑具身、离身关系等，也即实现个体化视角层面的祛魅与新立。

第三部分

具身认知的理论限度与解释效度问题考察

身体维度的考察在一定程度上指明了具身的发生发展是有边界的，边界条件决定着其是否发生及以何种方式、在何种程度上发生。这种考察对于把握具身认知的深层本质是有益的，但也给具身理论提出了一些挑战。例如，既然有着边界条件，就意味着具身认知并不总是发生的，或认知并非总是具身化的。那么，此时的认知是否是离身的？或者可以这样思考，这种边界条件是对认知本身是否具身的普遍限定，还是对具体哪一种具身方式、具身程度的限定？也即，边界条件是否仅仅是针对特定的某一次认知而言的，而并非针对全部？

第七章　一般化问题

　　通过前述的考察，可以初步分析认为，边界条件既是普遍的，又是相对的。边界条件是普遍的，但仅仅是在每一个具身认知都有边界以决定其是否发生这个意义上是普遍的；但却并不存在适用于所有认知、所有具身方式程度的边界，也即边界条件还是相对的。每一方式、程度的具身都是有其独特边界的，且这种边界是可以发展变化的、可塑的，可由于相关条件的变化而形成不同的边界范围。

　　然而，对这一边界条件问题的进一步把握还并不全面，还需要超越身体维度而关注认知本身。具身认知不仅仅只是涵涉身体，它更重要的是认知。对于其基本属性、边界条件的考察还有必要落在认知这一根本点上。前述考察提供了思考的方向、问题，而对于问题的深入还有必要从认知切入展开更深层次抑或更为基础层面的思考。换言之，有必要基于前述考察的结论从认知层面再次反思、追问具身的边界条件问题、基本属性问题。

　　那么如何探究，或从何种角度、何种载体上切入认知维度的考察就成为一个首要面对的问题。一般意义上，边界及边界条件问题是关乎具身是否发生、如何发生的问题，其潜在地意味着具身可能是不发生的，认知可能是离身的。这也就表明不能预先站在离身或具身立场去探究边界，而有必要追溯到离身、具身立场之前，追溯到前理论（不预设理论假设），追溯到认知本身去思考。即从前理论，从所有认知理论都要面对、都要解决的问题入手去辨析边界条件、去追思基本属性。那么这一前理论的问题是什么?这可能是符号接地问题、框架或计算问题等等。①但这些问题太过宽泛、抽象而不易把握,也并不能很好地显现边界条件、基本属性。也即,并不适用。基于盖伊·多夫(Guy Dove)的研究②,其选用认知的一般化问题、灵活性问题、抽象性问题等三个方向去思考离身、具身何以可能的问题,很适于此处的探究。同时,这三个问题也是任何认知理论能否成立、是否具有足够解释力等都要面对的问题。因此,将沿用其方法展开探究。进一步,这样的三个问题还需要限定一个认知领域,以更进一步、更具操作化地展开讨论。由于概念问题是具身、离身探究的主要焦点,因此,可以借助"概念",以概念的一般化、灵活性、抽象性问题展开具体论述。

由此,概念的一般化、灵活性、抽象性问题成为认知维度层面探究基本属性、边界条件问题的三个基本路径取向。这样的考察,是从前述具体的现实认知过渡到具身理论,不仅仅是追问现实认知的边界,更辨析具身理论的边界。前理论视角下的这三个问题可能是古老陈旧的,但却极具鉴别力,是认知理论要面对的关键问题。对这些问题的回应,决定着各认知理论假设是否能成立。由此,具身认知理论作为多元认知理论的一种,亦然要回应这些问题。

人类的认知遵循认知经济原则,有着对概念进行一般化或泛化的需要,而如何解释概念的一般化过程或机制则成为把握认知属性、辨析具身认知边界条件过程中必然要面对的问题。概念的一般化仅仅是生成认知或表征的过程的一部分,是一种过程,它衔接着初始的具体的分散的模态信息(一般认知理论探究常用模态一词,可理解为各感知通道、感知方式的信息,也即感知运动经验信息)与后期的抽象的系统化的认知结构或范畴。这一过程的结果,是生成认知或表征的范畴系统;而这一过程的进行,虽然需要特异模态信息作为信息源,更需要依赖语义表征的整合、抽象与概

---

① 张博,葛鲁嘉. 具身认知的两种取向及研究新进路:表征的视角 [J]. 河南社会科学,2015,23(03):29-33.

② Dove G. Three Symbol Ungrounding Problems: Abstract concepts and the future of embodied cognition [J]. Psychonomic Bulletin & Review,2015,23(4):1109-1121.

括。这就关乎到信息的非模态形式。而非模态恰恰与具身认知理论所提倡的知觉符号表征、模态表征是相对立的。由此，概念的一般化或泛化问题挑战了具身认知理论对于认知过程的解释范围或有效程度，意味着认知具身效应的发生及具身认知理论的成立是有边界条件限制的。由此，有必要重新思考如何看待认知的离身性、具身性关系问题。而在学科或理论发展的层面，更有必要辨析边界条件，重新定位具身理论、离身理论的关系。

第一节　何谓一般化问题

如何界定概念的一般化问题？简单而言，概念的一般化问题就是处理、解释认知过程中概念是如何一般化的问题。通常意义上，所谓概念的一般化，是指从多种特定模态的初始信息中概括、抽象出相对一致的核心概念，能表征且独立于任何特定模态的信息。既包括从表示同一概念的多种模态信息中概括出更具代表性或典型性或一致性意义的属性或特质，以生成该概念的内核，独立且适用于表征该概念的多种模态信息；又包括从表示各种物体、事物等的各概念内核中找出相似或一致性，以生成更具概括意义的上位概念或言范畴，独立且适用于该范畴内的各种概念子集。它对个体所熟悉的具体的分散于多种模态信息中的概念进行抽离，力图以精要或简化的形式来表征各种特定模态信息中所蕴含的相对一致的内涵、特质、属性或意义等，总体上朝向一般化、范畴化的方向发展。相对于低阶的具体的特异模态信息或概念而言，其所形成的是高阶、抽象的概念。同时，就个体认知活动的过程而言，一般化的基础上还有着反方向的泛化过程。即，对于表示同一概念的新的特定模态信息或同一范畴内的新的样例，能够进行一致性的泛化理解。由此，此处所谓的概念一般化，则包括抽象与泛化两种方向或过程。在认知心理学领域，这样的两个方向还可以从横、纵两个维度进行理解。[①] 横向维度主要指概念的拓展以包含新的范例；纵向维度指概念层级的创造，高阶概念比低阶概念更具有一般化的意义。例如，狗这一概念为基本概念，田园犬这一概念更低阶、更为具体，哺乳动物这一概念则更为高阶、更为一般。二者虽然有别，却都与人类如何超越当前经验以表征信息紧密相关。可以认为，一般化，或言抽象与泛化两个过程，所指向的是个体如何将多模式的经验、信息、概念等结合在一起形成一致的、可概括的表征。这是相对于实际的认知过程而言的。而在学理层面，如何描述、解释这种概念的抽象与泛化过程，就可以称之为概念的一般化问题。

第二节 为什么需要一般化

由上而言，一般化是人类认知的重要标志，人类能够总结、抽象、概括出一般化的概念或范畴，那么，何以要进行概念的一般化？或言，在特定模态表征的基础上，为什么要进行概念的一般化？这有着多方面的原因，此处仅就具身认知理论视域内为什么需要一般化进行论述。其主要源于认知的两种基本原则：认知经济原则、可交际原则。同时，二者所共同推进、形成的认知或概念范畴体系也将是考察的关键之一。

其一，从认知语用学的角度来看，个体的认知遵循认知经济原则，有着概念一般化或泛化的需要而成为一种认知动机。所谓认知经济原则，就是要以最小的认知代价获得最大的认知效益。[②] 这主要是源于个体的认知资源、认知能力的有限性。具体而言，个体的认知能力的有限发展使得其既不能在同一时间、同一过程中加工无限的、分散的、具体的感知运动信息，也不能无限持续地处理复杂的连续性信息。同时，与个体有限的认知能力

[①] Dove G. Three Symbol Ungrounding Problems: Abstract concepts and the future of embodied cognition [J]. Psychonomic Bulletin & Review, 2015, 23 (4): 1109-1121.

[②] Rosch E. Principles of Categorization [M]. In E. Rosch & B. B. Lloyd Eds. Cognition and Categorization. Hillsdale, NJ: Erlbaum, 1978, 28-49.

相对应，个体在同一时间或一定范围内所能接触或获得的认知资源、所能调动运用的认知支持也是有限的，只能获取某一认知或概念的部分信息而不能全然把握被认知对象的整体属性或特质。为了保证认知能够持续流畅地进行，认知者就需要寻求整合、分类多种感知运动信息，并抽象、概括以形成更为精要的信息表征形式，从而更为有效、简洁地处理各种认知加工。正如埃莉诺·罗施（Eleanor Rosch）所言，每个个体都希望从其某一认知过程中尽可能多地得到相关概念或周围环境的信息，同时又尽可能少地消耗其自身有限的认知资源。[①]进而，这种一般化的需要发展到一定程度而成为一种认知动机，直接推动个体在认知过程中对概念进行一般化或泛化加工。由此而言，概念的一般化是建构认知的基本过程。其由此也就成为探究、把握认知本质或属性过程中必然要面对的问题。

其二，认知经济原则同时要兼顾交流的需要，即可交流原则，这意味着个体间需要有共享的认知基础，而这种共享的形成就有赖于概念的一般化发展。基于个体认知中的认知经济原则可以认为，在不引起混淆、歧义或重叠的前提下，某一认知或概念所能储存、涵括的信息越多越好，也即所需要的子概念越少越好。然而，认知并不仅仅是为了生成概念或认知结构，更有着交流的需要或功能，这就使得经济原则应兼顾或满足可交流的基本诉求。当这种个体性的经济原则面对个体间的或人际的交流时，有必要倾向于选择既能满足言者完整表达、又能满足听者完全理解，所需的最少的语符。这就意味着，个体认知经济原则基础之上有必要寻求个体间能够共享的概念表征方式或其他认知要素。在具身认知视域下，个体的感知觉运动及其经验之于认知有着构成性作用，但即使在同一认知场域或交流情境对于同一认知或言说对象而言，不同个体间的感知觉运动及其经验也是有着很大差异的。这也就意味着交流中所形成或言说的认知概念也是有区别的、模态特异的。这种初始的或言纯粹的相互有别的认知概念，在其

---

① Rosch E. Principles of categorization [M]. In E. Rosch & B. B. Lloyd Eds. Cognition and categorization. Hillsdale, NJ: Erlbaum, 1978, 28-49.

低阶或原初层面，并没有一个共同的、可以泛化理解的概念内核，也即不具备相互间共享性要求而难以保证交流的持续进行。这就意味着，这种能满足交流需要、能共享的认知概念之形成，就有赖于对不同个体间以及个体内部的特异模态信息或感知觉运动信息及其经验中，较为相似或一致性的内容、属性、特质等进行二次提取、概括、抽象，以形成更为高阶的表征方式。即，促其得以一般化发展。可以认为，可交流原则需要共享的概念或认知结构，而这种共享性，就需要对感知运动经验基础上的概念进行一般化发展或泛化解读。在语言交际中，这种一般化或泛化，能以最小的认知代价换取最大的交际收益。① 也即刘勰所言的："一意两出，义之骈枝也；同辞重句，文之肬赘也。"②

其三，认知经济原则与可交流原则的执行，既需要、也能够促进在概念基础上形成认知范畴或范畴化思维，而范畴的形成则是以概念的一般化发展为前提的。无论是认知经济原则下对分散、具体的感知运动经验的概括、抽象所形成的精要概念表征，还是可交流原则下对个体间感知运动经验的整合、分类所形成的共享概念表征，其最终所形成的高阶表征形式或系统化结构，都可以称之为范畴。其所指向的，是人类从在各种感知运动经验或信息中识别性质、形状、功能等各方面的相似性，并据此将可分辨的、有差异的认知对象处理为相同的类别。③ 这种抽象的范畴化思维方式能有效降低认知的复杂性，而成为人类认知过程中的一种范畴化需要。而这种范畴化的需要既以一般化为前提，又为后续的一般化或泛化提供核心参照。之于前者，可以从经济原则、可交流原则层面进行理解，如前所述；之于后者，可以从下述几个方面去解读。

首先，概念一般化过程中，多种感知运动信息并不能同时呈现，使得

---

① 魏晓斌. 关于语言经济原则的反思 [J]. 哈尔滨工业大学学报（社会科学版），2010，12 (5)：97-100.
② 魏晓斌. 关于语言经济原则的反思 [J]. 哈尔滨工业大学学报（社会科学版），2010，12 (5)：97-100.
③ 赵冬梅，刘志雅，刘鸣. 归类的解释观和跨范畴分类 [J]. 心理科学，2002，25 (5)：608-609.

对概念的整全理解就需要借助于概念范畴。虽然各种感知运动信息或经验均可以、也有必要服务于语义知识或概念的理解，但在理解概念或认知事物的过程中，这些信息并不一定能在相同的时间点上同时呈现。若要全然地把握概念整体，这就需要一个核心以系统地将不同时间不同模态的感知信息汇总在一起，并区分重要的相似性和差异性以形成范畴。进而，以范畴为核心参照，在关于某一认知对象的各种模态信息分散出现时，仍能泛化、延伸以整全地把握认知对象。

其次，纯粹的感知运动经验信息及其表面相似性并不能涵括概念意义的全部，难以确证或一般化某一概念，这就有必要借助于范畴在更深层次上把握概念。具体而言，尽管关于认知对象的直接感知运动信息或表面的相似性能在很大程度上表征或确认概念，但是，一方面，这种感知运动信息或经验只能部分的表征意义而不能涵括全部；另一方面，识别一组感知运动信息之间共享的特征也许并不总能提取共同的意义，也即概念上相关的项目不一定共享任何表面或感知层面的共同特征。这就表明，仅仅依靠感知运动经验或被认知对象表面上的相似性，并不能精准地确认或定义被认知物体或意义。

最后，在某一具体的认知场域中，关于某一范畴的部分示例可能并不与其他示例拥有感知觉运动经验或信息层面的相似性特征，这同样需要借助于范畴体系去把握认知对象。尽管关于某范畴的一些示例能共享足够多的感知运动信息层面的特征以便可以在此基础上归类或言范畴化，但仍存在一些示例并不共享任何共同的感知运动层面信息的特征，而仅仅具有相同的语义概念。类似的情况还以这样几种方式存在：①某一感知运动层面的信息或表面特征扩展到概念或范畴可变范围的其他示例；②随着时间的推移，某些示例间相似的感知特征不再稳定地同时呈现；③关于某一感知运动信息或范畴示例所展现的特征，可能是该范畴内成员中显著而常见的一些特征，也可能仅仅是一些局部的特征，还可能仅有着语义概念的核心；④某些感知运动信息或表面特征组合会随着时间的推移而改变，或者涉及完全新颖的范例[1]，就需要个体能够灵活地将该范畴的核心概念或语义推广到这些新的或变化的项目中。这样的一些情况暗示着，不能仅仅依靠被认知对象所表现出的表面特征之简单叠加或个体的感知运动经验信息之简单组合来识别物体或确定概念。

换言之，概念的一般化过程，不能仅仅依靠感知运动经验信息，更需要以范畴为核心在语义层面去把握概念或认知对象以抽取、概括、抽象而形成一般化解读。简言之，范畴化可以被认为是人类高级认知活动中最基本的一种，它指向的是识别相似与差异并进行分类、归类，从而构建成认知体系的过程。这种范畴体系的存在本身就意味着人类认知或概念的一般化需求，它源于认知经济和可交流原则、源于认知一般化过程，又为后续认知中的一般化解读提供参照。

综上而言，认知的经济原则、可交流原则不仅仅是一种概念或语言生成的原则，直接决定了概念的一般化或泛化需求；其所衍生出的范畴化需求，更是作为一种认知动机存在于认知或概念的生成与理解过程中。进而，认知原则的要求及概念范畴体系的建构，需要超越表面的、感知特征上的相似性，而在更深的结构或属性或本质上把握各种特定模态信息，以保证有效抽取、概括、抽象出更为一般化或泛化的概念表征。那么，遵循这样的原则，概念的一般化是如何实现的？各种模态信息是如何组合以形成一般化概念的？这成为解释认知现象、把握认知基本属性、辨析边界条件必须要面对的一个问题。

第三节　何以一般化及其挑战

基于上述论证，人类的认知遵循认知经济原则、可交流原则，有着概念一般化、范畴化的需要，那么，这种概念的一般化是如何实现的，又对

---

[1] Ralph M A L, Sage K, Jones R W, et al. Coherent Concepts are Computed in the Anterior Temporal Lobes [J]. Proceedings of the National Academy of Sciences of the United States of America, 2010, 107 (6): 2717-2722.

具身认知理论形成了什么样的挑战,就成为需要进一步探究的主要问题。

对于这一问题的探究,有必要从阐释概念一般化的基本过程出发,这构成了探究如何一般化问题的基本前提。一般而言,概念的一般化过程包括识别、概括和抽象三个阶段。在识别阶段,个体对来源于不同模态或不同感知觉运动经验的信息、刺激进行区分;在概括阶段,个体将各模态或感知觉信息间共同的属性、特质或内容等归为一类;而在抽象的阶段,个体将表示同一概念意义的不同模态信息中的所蕴含的共同属性提取出来,形成一种更为精要的、核心的、相对稳定的概念表征。综合地看,这样的三个阶段所反映的是从分散的、具体的、低阶的特定模态信息或模态表征到抽象的、高阶的语义概念表征的过程。其最终生成的则是一种系统化的范畴体系。在这一过程之后,还存在一个相反的泛化认知过程。当个体识别具有相同概念意义的具体物体、事物等认知对象时,能够以这种已经一般化了的概念内核或范畴为参照,把这种共有的概念意义泛化到同类的认知对象上,以全然地、整体地把握认知对象。由此,概念的一般化问题其实是包含概念的一般化发展与泛化解读两个方向维度或过程的,而其整个过程所主要体现或展现的,则是个体如何将多模式的经验、信息、概念等结合在一起以形成一致的、可概括的、相对固定连贯的精要表征。这里需要进一步追问、反思的是,这种提取、概括、抽象以及一致的、相对固定的一般化概念对于人类认知有着什么样的要求才能保证其能真正实现一般化?这种要求是辨析具身边界条件有无又何所指的关键所在。其可能至少包含了两个递进的层面:

第一,概念的一般化过程需要个体在认知过程中识别、判断出概念的"深层"结构,即本质或属性特质层面的相似性或相通性,而不仅仅是感知觉层面或表层特征的相似性。为什么需要满足这样的条件?这主要是源于个体认知过程中常见的两种基本状况:①特定模态的认知概念表征或感知觉运动信息仅能够呈现某一概念内核或范畴的某一种或几种核心要素或特征,而不能呈现全部。这一被呈现出的特质或属性,可能是常见的、显著的,也可能是不常见的、不易识别的;可能是表面的,也可能是语义层面的。由此，认知或识别对象，就需要个体基于感知信息呈现出的一种特征而泛化或联想出相关的其他概念要素，这就需要深层次的认知加工。②各模态表征或感知运动经验信息所表达对象之间的概念语义上的相似之处，在感知特征上也许并不一定是明显的。它们之间也许并没有相似的形状、颜色及其他相关感知运动经验信息等。例如，苹果、葡萄、香蕉等水果，在颜色、形状、质地、生长方式及食用方式等方面都非常不同。即使对于同一水果，如苹果，也有着各种感知信息层面的差异。个体在认知水果这一范畴或某一具体水果概念时，就需要根据高阶的语义概念层面的相似或一致，来形成概念的一般化发展或泛化解读。统观二者，这样两种认知情境的存在使得个体不能仅仅依靠感知运动经验的相似性进行概念的一般化，而需要深层次的认知加工。反观人类认知的实情，现实中个体一般化的顺利完成，恰恰意味着个体在表层相似性之外，是有着更深层次的语义加工的，是有着对概念深层结构或言本质属性特征的识别、判断的。尽管任何给定概念的范例都有相当大的差异，例如一些被评价为典型的范例共享许多共同的特征，而其他一些范例可能在表面上非常不同，个体的概念或认知系统依然能够在所有范例中概括人类对每个概念的知识。也即，认知系统可以克服表面上的相似或差异而深入概念的本质或属性，并在相同概念边界内包含非典型范例。综言之，一般化需要个体识别概念的深层结构，而人类对概念一般化加工的顺利实现也证明了认知系统能够保证识别深层结构。那么，这里需要追问的是，个体是如何识别深层或潜在的属性特征的？这就涉及第二个问题或要求。

第二，概念的一般化，对所谓深层结构、对本质属性或特质层面的相似性或相通性的把握，需要多种特定模态表征的联合作用以形成语义记忆与语义表征。上述所言的概念一般化过程中，对多个模态的信息及其语义概念进行的概括、综合、抽取等，恰恰是语义记忆的核心功能。具体而言，所谓语义记忆，是人类记忆的一个方面，对应于事物、词意、事实和人的一般化知识，与任何特定的时间、地点无关。① 语义记忆保证了个体能够将意义赋予词汇、物体和所有其他非语言刺激，可被视为个体获得信息的基本脚本。这意味着，语义记忆的一个核心功能，便是在不具有表层相似特征或属性的多种模态表征之间，识别、概括出相似语义或概念意义。进一步，语义记忆这种功能的实现，则需要依托于语义表征。在神经生理层面，这种语义表征表现为多个特定模态所对应的皮层区域的相互关联、共同作用，而每一个皮层区域分别负责编码源自于特定的感官、运动或言语领域的信息结构。可以认为，概念的一般化及其语义记忆、语义表征，所反映出的是编码各种感官、运动和言语信息的不同皮质区域的联合作用。这里需要进一步追问的是，这种联合作用是如何实现的？或何以能够在模态信息或模态表征的基础上实现这种语义表征？对于这一问题的回答，可能存在两种取向或方式：

可能的方式之一，即通过所有可能的模态配对而形成一个网络连接，进而生成综合性的语义表征②。这种方式并没有对初始的模态表征或感知觉运动经验信息进行进一步抽象、概括或二次提取。也即，这种方式下仅仅包含初始的感知觉运动经验信息。有学者曾指出，如果语义记忆只由物体的特异或特定模式信息所组成，那么能否获得语义过程中所主要依赖的高阶一般化概念则是很值得怀疑的，个体并不能通过所有可能的模态配对来形成语义表征。③ 这直接否定了这种方式或解释路径的可行性。但从纯粹学理层面，这一解释路径的是否可行，还有待神经科学的发展以提供更多证实或证伪性证据。

---

① Patterson K, Nestor P J, Rogers T T. Where Do You Know What You Know? The representation of semantic knowledge in the human brain [J]. Nature Reviews Neuroscience, 2007, 8 (12): 976-987.

② Patterson K, Nestor P J, Rogers T T. Where Do You Know What You Know? The representation of semantic knowledge in the human brain [J]. Nature Reviews Neuroscience, 2007, 8 (12): 976-987.

③ Patterson K, Nestor P J, Rogers T T. Where Do You Know What You Know? The representation of semantic knowledge in the human brain [J]. Nature Reviews Neuroscience, 2007, 8 (12): 976-987.

可能的方式之二，部分学者指出，存在一个相对固定的枢纽系统以汇集各种特异模态表征的信息，并由此生成相对稳定的、精要的、核心语义结构或概念表征。[1] 该种解释路径下，存在一个中心性的、起枢纽作用的脑区，同时对应着一个相对稳定、独立的中心性表征系统。这一中心性的表征系统不仅能够整合众多特定模态信息或概念特征，而且能够编码各种特定模态信息或概念之间复杂的非线性关系，进而生成多维语义空间，也即生成语义记忆与语义表征，从而为概念的一般化发展或泛化理解提供基础。可以认为，这种解释取向，存在一个特定的中心性的语义表征系统以实现多种模态表征信息或言感知觉运动经验的整合。它独立于任何特定的模态信息而又能够涵括各种模态表征信息。

如果存在这样一个中心性的语义表征系统，则能很好地解释概念何以能一般化发展、泛化解读。一方面，它能够允许没有感知运动经验信息相似性的情况下，进行深层的概念意义或语义层面的一般化、范畴化；也能解释认知系统何以能在正确的概念边界范围内析出非典型范例。另一方面，它能够允许概念的一般化、泛化过程是作为一个开放体系而存在的。也即，它允许认知过程中，特定概念基于语义而泛化到新的或变化的概念范例中。在现实的认知过程中，个体经常遇到某一认知对象的新特征、新范例，或现有范例随时间而变化的情况。然而，即使以前从未经历过这些特殊的范例或概念特质、属性，这样一个中心性语义系统也能够保证个体自动地将关于该概念的特质、属性等一般化或泛化到新的或变化的范例。由此而言，中心语义表征能较好地解释概念的一般化问题。那么，是否存在这样一个中心性的语义表征系统及相应的脑区？从有关脑内整合或汇聚区域的研究，到当前中心辐射（Hub-and-Spoke）理论框架及其所揭示的支撑这一功能的前额叶区域，都在很大程度上支持了这样的解释路径与假设。

如果这样一个中心性的语义表征系统确实如部分研究所证实的那般存

---

[1] Mayberry E J, Sage K, Lambon Ralph M A. At the Edge of Semantic Space: The breakdown of coherent concepts in semantic dementia is constrained by typicality and severity but not modality. Journal of Cognitive Neuroscience [J], 2011, 23（9），2240-2251.

在，那么就有必要重新思考非模态表征是否存在，进而有必要辨析具身的边界条件，有必要限定具身认知理论的解释或应用范围、边界。由于中心性的语义表征可以从任何个体的任何特定模态信息中产生，并且可以在任何个体的任何模态表征形式中产生行为，这就意味着，这些语义表征很可能是以一种非模态的形式存在的。这就直接挑战了具身认知理论的模态特异等核心理念支撑，也就有必要思考其发生发展的边界条件。例如，一些研究者认为具身理论并不能解决好概念的一般化问题，而非模态表征则恰恰提供了一个从多种模式信息源综合信息的方法。① 由此，应当重新思考具身认知理论是否应该为非模态表征留有一席之地。就当前的研究而言，关于语义痴呆患者（semantic dementia，SD）的语义加工实验能够在很大程度上支持了非模态表征的存在。SD 患者与健康个体关于语义加工的差异能很好地展现认知一般化的内在机制，能较好地验证非模态表征是否存在。具体而言，可以从两个实验案例中进一步解释。

（1）健康和语义受损个体研究中经常使用的"类别流畅性"实验。例如，它可能要求个体在一分钟内尽可能多地命名不同的水果。一个典型的响应顺序可能是"苹果，橙，香蕉，梨，葡萄，柠檬……"。这六个物体尽管有着各种感知觉经验信息的不同，如形状、颜色、味道等，正常人却能容易地执行这项任务，而 SD 患者则并不能顺利完成这样的测试。这在很大程度上是由于，健康个体的中心性的语义表征允许在概念或语义相似性层面去抽象、概括、归类，从而形成非模态表征，即使它们之间具有很少的感觉/运动性质的共同之处。而对于 SD 患者，这一功能是有损坏的，也就不能在语义层面顺利进行一般化或归类。

（2）有关 SD 患者的语义归类实验。研究发现，当患者被要求从一系列图片中选择相同概念的范例时，他们可能错误地结合、归类不同属性、不同范畴的范例。具体而言，当非目标项目与目标概念共享许多特征时，患

---

① Dove G. Beyond Perceptual Symbols：A call for representational pluralism [J]. Cognition，2009，110（3）：412-431.

者选择非目标项目的倾向强，他们过度概括或一般化目标概念。同时，他们也可能低估目标概念，或未能充分的一般化或泛化概念。当目标项目不具备典型的或外显的相应概念属性时，患者更倾向于不选择目标范例。进言之，如若将多种目标与备选项目相结合，SD 患者可能同时发生过度和不全面的错误。这与其前颞叶（anterior temporal lobe，ATL）及非模态表征的损坏是一致的。[①] 这一损坏使得类别边界不仅变得不那么确定，而且也被移位和简化。同时，其他基于语义痴呆患者或相关神经损坏患者的实验也都表明了非模态表征在语义加工、概念一般化过程中的重要作用。简言之，当中心性的语义表征或言非模态表征崩溃时，可能会导致更少的维度来编码概念边界，从而使得边界变得模糊或被简化，甚或受到过度相似性的支配。

　　由此而言，就当前的实验研究而言，有充足的理由对中心枢纽性的语义表征系统及非模态表征保持一种开放的态度，重新思考其对于概念一般化等认知过程的作用。同时，更为重要的是，它直接挑战了日趋泛化的具身解读，在很大程度上意味着具身效应的发生、具身理论的解释效度是有着边界条件限制的。对于学界、对于学科发展而言，则有必要重新把握具身、离身的相互关系与有效边界。这一边界的具体所指，可能恰恰是一般化要求的相反方向或相反条件范围。

　　综言之，有必要从概念的一般化辨析具身边界条件。由上可知，特定文化或情境中的个体之间共享或交流有必要对概念进行一般化，或，正是概念的一般化才使得概念能够在特定文化或情境中的个体之间共享，尽管其精确范围取决于个体的经验。进而，一般化的实现有着特定的过程、条件要求。第一，概念的一般化包括提取、概括、抽象三个相继过程，形成的是一致的、相对固定的、精要的跨模态概念。第二，其既要求个体在认知过程中识别、判断出概念的"深层"结构，或本质或言属性特质层面的

[①] Ralph M A L, Sage K, Jones R W, et al. Coherent Concepts are Computed in the Anterior Temporal Lobes [J]. Proceedings of the National Academy of Sciences of the United States of America, 2010, 107 (6): 2717-2722.

相似性或相通性，又要求其联合多种特定模态表征以形成语义记忆与语义表征。这种要求是辨析具身边界条件有无又何所指的关键所在，而这一要求的实现则需要一个相对固定的枢纽系统或言中心语义表征系统以汇集、整合各种特异模态表征的信息。进一步，实验验证的中心语义表征系统的存在，直接挑战了具身认知理论的模态特异等核心理念支撑，意味着具身认知的发生发展是边界条件限制的。在学理层面，也就有必要限定具身认知理论的解释或应用范围、边界。更进一步，实现概念一般化的要求与机制恰恰体现了具身边界条件的所在。换言之，如若具身理论的解释能满足这一要求，就可以说其更具解释力、是相对普遍存在的；如若不能满足这种条件要求，则就表明其是需要限定条件的，也即应该把对具身认知的探究、论述限定在一定条件范围内。而这一边界范围，可能就是上述一般化要求条件的反向范围。可以认为，概念虽是基于感觉运动和语言经验，但是可泛化或一般化的连贯的概念需要某种附加的表征或步骤，这种附加的条件就意味着具身的边界。由此，对于学界、对于学科发展而言，则有必要重新把握具身、离身的相互关系与有效边界问题。

对于边界条件问题、具身与离身关系问题的重新界定与反思，在关注概念的一般化问题之外，还有必要关注概念的灵活性问题。其关乎对认知本质、概念表征的正确理解，因而也是处理离身、具身关系，处理具身边界条件问题中需要着重思考的一个方向或维度。

第八章　灵活性问题

基于前述年龄差异、文化差异、个体差异的考察，可以认为，具身认知是程度差异，且模态殊异。这意味着概念并非一致的、并非固定地依赖于同种模式，也并非一贯表现为同种程度的具身效应。这里所彰显的，便是具身认知的灵活性。例如，道德洁净效应的跨文化研究成果表明，道德具身既是普遍的，也是有着文化特异性的。从泛文化、泛宗教的身体—道德洁净隐喻现象来讲，它是普遍的；但在这之外，更为重要的是，不同文化间某一躯体洁净方式可能有着不同的道德功能，或者，同一道德结果源自于不同取向的身体洁净方式。[①] 这就在文化的层面体现着具身方式、具身效果的差异性，而差异也就彰显着灵活。类似地，前述终身发展观视角下的具身差异表明，随着体验或经验的积累、认识的发展，个体对特定概念的具身内容、具身模式、具身程度等方面的具身理解，日益丰富充实、新旧更替，甚至对立转换。可以认为，在发展层面、个体层面的具身差异均体现出具身的灵活性。

而认知、概念等的灵活性作为人类语言的最大优势之一，意味着概念在一定范围内是随机通达的，可以灵活使用，这就给具身认知提出了新的挑战。直观上，如上所言具身理论及认知的具身属性体现了这种灵活性。

---

① Lee S W, Tang H, Wan J, et al. A Cultural Look at Moral Purity: Wiping the face clean [J]. 2015, 6: 577.

从具身认知的观点看，认知及其概念的形成受身体状态结构、行为动作以及身体所处环境影响，因而随着环境因素的变化，某一特定的认知或概念也会相应变化，这就体现了认知及其概念的灵活性。[1] 甚至有学者直言"人不能两次表征同一个概念"[2]。然而，灵活性又反向意味着一种非具身。一方面，灵活性、随机通达等往往如前述概念一般化的要求一样，需要一种超越感知经验、超越情境的中心语义的存在。这与具身理论所提倡的理念是不符的。另一方面，灵活性本身也意味着概念、认知的具身性或具身效应的发生并不是必然的，其受情境的影响而仅在一定边界范围内发生。这关乎对概念离身或具身属性的把握、理解，关乎具身边界条件问题的辨析。

第一节 具身视域内重思灵活性问题

首先需要明确，概念本就具有灵活性。最初一些认知心理学、语言学学者强调，人类概念本身具有灵活性，人类的心理特性使得人的概念处理可以灵活地将信息无限重新组合。甚至有学者直言，概念灵活性比通常所假设的还要灵活、多变，即使是概念中看似最根深蒂固的成分也并不总被激活。[3] 这里无限重新组合所意味的或所指向的，是把概念视为具有层级结构的多种属性的集合，而并非某一独立的属性或特征。可以从两方面理解，一方面，个体对概念的把握、理解程度是灵活多变的。也即，不同个体或者同一个体并不能稳定地、无时不刻地把握某一特定概念的全部属性或特征。另一方面，在这种差异的基础之上，更多的灵活性是源于概念处理过程中信息检索与表征的差异。通常，在某一既定情境中，不同个体对同一

---

[1] Dove G. Three Symbol Ungrounding Problems: Abstract concepts and the future of embodied cognition [J]. Psychonomic Bulletin & Review, 2015, 23 (4): 1109-1121.

[2] Connell L, Lynott D. Principles of Representation: Why you can't represent the same concept twice [J]. Topics in Cognitive Science, 2014, 6 (3): 390-406.

[3] Lebois L A M, Wilson-Mendenhall C D, Barsalou L W. Are Automatic Conceptual Cores the Gold Standard of Semantic Processing? The Context-Dependence of Spatial Meaning in Grounded Congruency Effects [J]. Cognitive Science, 2014, 39 (8): 1764.

概念的检索、表征仅仅是该概念相对于该个体而言的一个子集，且相互有别；而同一个体在不同情境中，对某一概念的检索也并不总是同一子集。就这种认知机制而言，概念应用过程中的概念表征形式、信息检索是形成及体现概念灵活性的关键所在。这就在很大程度上指明了：强调情境体验与多模态表征的具身理论将加剧概念的灵活性（这是由于情境体验与多模态表征恰恰提供了多种不一的感知表征形式、信息检索等）。

具身认知加剧了概念本就有的灵活性，但却改变了灵活的内涵，是一种无核心的灵活。可以从两个维度理解：

第一个维度，体验基础上的概念生成、存储与检索应用，最直观地体现了更强的概念灵活性。首先，具身性概念的生成过程赋予概念以灵活性。具身理论视域下，强调知觉符号取代抽象符号，认为情境及其感知觉运动经验直接塑造或构成认知、概念。然而，情境及其体验又是因人因时而不同的，这就使得单一对象或者一系列同类对象的概念化将在不同情境、不同个体体验情况下具有更大的差异性，也就进一步加剧了概念生成过程中的差异性，也即灵活性。例如，有关词汇通达性的研究证明，人们的词汇加工有着对情境体验的编码，将不同的语境特征及个体体验融入概念之中。[①] 如果不同个体在概念生成阶段所体验到的概念属性不同，那么使它们得以建立或编码概念的差异化的知觉符号便会产生灵活性。其次，这种差异化概念存储于长时记忆中，当其作用于当前认知时，将会进一步加剧差异及灵活性。由于概念生成过程中知觉符号、模态表征的差异，使得个体长期记忆中的概念知识及其表征本就是有差异的。这些长期记忆反馈到当前认知时，又会因情境引导的差异而再次突出不同的特征，使得同一对象概念在不同个体、不同情境中表现得更具差异化，也即更为灵活。例如，关于猫的概念，在一种情境下，个体建构的有关猫的概念可能是：毛茸茸的、有趣的；而在另一情境中，猫的概念则可能包括：有利爪的、夜间活

---

① 姜孟，严颖慧，高梦婷. 概念的灵活性、结构性、语言不定性：知觉符号的组构系统特征[J]. 英语研究，2015（1）：76-122.

动的等。简言之，正如前文所言，这个灵活性的源头可能主要在于启动信息检索过程中线索的差异性造成的。因为定义、检索猫的线索极其不同，能够在长时记忆中检索出大量与其相关的信息，自然会导致巨大的灵活性。同时，就具身理论对体验的强调而言，还需要着重指出的是，这里所谓的体验、经验差异，直接体现为特定概念的不同特征属性相对于不同个体的出现频率、出现时间的新近性及其语境差异。其引导着个体对概念的差异化理解，可能导致概念理解的灵活多变。

第二个维度，多模态、分布式的概念表征，奠定了概念灵活性的基础。首先，具身认知以知觉符号取代抽象符号有着更为基础的内在假设：即以多模态信息、模态表征取代单一的非模态信息、非模态表征。在具身视域下，同一概念涉及多种模态信息，而同一模态信息可能隶属于多个不同概念。对于每一概念的模态表征而言，所涉及的模态信息数量、种类、地位及其作用等，也不尽相同。其次，分布式表征为概念的灵活性提供基础，增加了灵活组合的可能。具身理论的相关实验指出，概念表征分布于负责感知、运动等不同脑区，且在不断变化。进言之，与传统概念语义模型相比，分布式语义记忆模型中的概念被认为是建立在多个表征单元之上的，这些概念可以作为概念被检索的情境的函数而变化。同时，这里具身认知理论所谓的多模态分布表征是动态、可分离的。特定概念的某一表征可以在某一个情境或任务中使用，而另一表征可能仅被用在另一个情境或任务中。这就意味着，单一特定模态所表征的某一概念属性可能离散、隔离于概念整体。它将连续性的、完整的概念分割为不同的模态信息表征，进而可能导致隔离倾向，孤立地看待实际上极其相倚的概念要素。换言之，同一个概念在不同感知觉体验、不同模态表征下，其所呈现出的内涵、特征等相互有别，分散而隔离，使得同一概念范围内，各模态信息或表征并不能直接地形成一个单独的精要的概念结构或表征。综合而言，多模态、分布式的概念表征使得不同个体在概念加工过程中可以灵活地将各种信息或概念表征重新组合，形成某一特定概念范围内差异化的概念子集。

然而，尽管认知的具身化赋予概念以更多的灵活性，但是，此处灵活多变的概念意蕴与传统所谓概念灵活性是有着相悖之处的，表现为：概念知识迁移、概念是否具有核心这两个方面。第一，一般而言，概念灵活性意味着问题解决中有效的知识迁移。但在具身理论视角下，多模、分布、离散恰恰带来了难以灵活迁移的问题。具体而言，尽管具身理论本身加剧了概念的灵活性，但这种灵活性仅仅是一种分散的、隔离的灵活。它仅仅是低阶感知层面的获取与表征灵活，并未能在灵活性更强的基础上有力地、较为充分地解释这种分散的概念如何相互联系、整合。如果不能很好地整合、提取以成系统化或互为通达，那么进一步，不同情境、不同模态下的概念知识如何迁移便成为另一个棘手的问题。在问题解决等认知过程中，个体并不能事先确定所需的概念或知识特征，也不能直接从记忆中原封不动地提取相关概念，而恰恰需要其因情境而重组概念及其意义，也即概念、知识的迁移。那么，决定概念或知识是否能够有效迁移的关键所在，便是概念是否有一个明确的核心以便超脱情境限制。这就涉及第二个相悖之处，即，第二概念是否具备核心。通常，概念的灵活性往往内在的假定概念都有一个核心。它是关于特定概念或范畴的重要信息，可以被快速自动地激活，且与情境无关。也即，独立于语境的属性构成了一个概念的核心意义。但在具身视角下，很大一部分研究者基于多模态、分布表征提出，概念并没有一个核心性的概念意义或要素，没有一个每次应用或检索概念时都会被检索或提取出的核心。他们认为，一个概念中的所有信息至少在某种程度上是依赖于情境的。尽管某个概念的某些信息可能高度根深蒂固（例如鸟类的羽毛），但它仍然会受到情境的调整。

综观二者，具身视角下的概念灵活性，以无核心的可因环境变换组合的分布表征在一定程度上化解或取消了核心性知识的迁移问题。具体而言，具身认知解读下，概念的表征是模态特异的，分散分布而不是综合联结。因而，根据认知任务的约束与要求，可以灵活地引出概念信息的重叠子集，它们共同构成了相对特定任务而言的相对完整概念。但更为值得注意的是，仅仅检索应用与特定任务或情境相关的概念子集，就足以成功应用该概念。这里所谓有用的概念是依据认知任务而言的。例如，如果需要确定一个被感知的动物是否危险，就必须获得关于捕食动物的信息，但是如果需要弄清楚动物的某张图片是否是某种或某一个具体动物，那么就仅仅需要获取关于该动物个体差异特征的信息。这里所凸显的即是，没有一个概念的核心意义，只有服务于特定任务时所需要的信息簇或概念子集，且不同的任务将决定不同表征信息的效用。同时，这里所言的认知任务不仅仅决定着不同模态表征信息的效用，它还决定着认知对于相关信息的加工深度，在一定程度上直接避免了不必要的深层抽象、核心意义等。例如，一个奖杯和高脚杯，根据认知任务是要求对事物进行具体的抓握操作还是评估使用价值，其所需要的抽象度是不同的。在决定能否倒酒的时候是需要区别对待；但当任务是抓住物体来移动它时，这两个物体则可以被等效地分析。由此可以认为，具身认知理论视域内的概念灵活性与传统所谓的概念灵活是截然不同的。这里所谓的概念可能既没有一个核心，也不具备一个明确的边界，而仅仅是一个范围或集合；而分布、可离散的多模态信息表征可依据情境而随机组合，也就一定程度上避免了超脱情境或言可随机通达的核心意义的必要。但是，具身认知这种无核心的灵活，恰恰又反向挑战了具身认知的解释力、似然性，意味着一种边界，意味着具身认知的发生发展是需要边界条件的。

综观之，具身认知视角下，认知的具身性使得概念更为灵活，也凸显出与传统概念灵活性不一致之处。那么，这种独特的概念灵活性在具体的认知过程中是如何形成、如何体现的，又对辨析具身认知的边界条件、基本属性等意味着什么？基于当前具身认知研究对认知任务、情境的着重关注，已凸显出情境之于概念灵活性、之于解读具身认知的重要性。也即可以从情境性切入进一步展开概念灵活性问题的讨论。

第二节 情境之于具身灵活性的双重作用

具身视域内，情境既促成具身概念更为灵活，又挑战了具身概念本身，意味着一种情境相关的具身边界。现分述之：

一、情境促成概念灵活

情境引导出不同的概念表征、概念属性，直接彰显、促进概念的灵活性。这可以从两个递进层面理解：其一，具身理论之前，情境之于概念理解、概念灵活性的引导、塑造已为部分学者所关注。维特根斯坦就曾论述，概念的意义与理解存在于对概念的使用情境之中。例如，对于"火"的意义理解在不同使用情境之中是殊异的。"日子红火""火势凶猛"以及"大为光火"等中"火"的意义各不相同。更为普遍的一种观点是，情境通常被认为是唤起特定的、稳定的词汇或概念的一种手段或场域。概念的意义因不同的使用情境而灵活多变，而相对一致的情境也引导相对稳定一致的概念意义。其二，在具身视域下，具身理论的提倡者将情境的这种线索引导作用向前推进一步，认为情境直接构成概念的一部分，而概念不能从它们出现的环境中有意义地分离出来。具体而言，一方面，其假定从来没有完全重复的静态情境，甚至是中性语境。例如，情节记忆的研究中，情境被理解为一直持续影响认知的不断变化的信号。另一方面，概念与其背景有着千丝万缕的联系，允许随情境的不同而呈现出不同的表征方式、意义内涵。可以认为，概念表征与情境之间不能明确地区分出界限来。这表明，概念的感知觉运动经验或模态表征在不同程度上，以一种灵活的、情境依赖的方式对词汇或语言赋予意义。[1] 由此而言，具身认知视域内，情境之于概念的作用更为重要，影响着概念的生成、表征甚至意义内涵等。由此，有必要针对情境之于概念灵活性的影响专题论述。值得注意的是，尽管情境对概念如此这般重要，但其作用的发挥更多的是要基于个体对情境的体验与解读，也即情境只有经过个体的心理重构才能起作用（前章已有论述）。换言之，体验与经验决定着个体对情境线索的把握，最为直接地影响着情境之于概念作用的发挥。由此，情境之于概念灵活性的作用问题也就

---

[1] Dam W O, Brazil I A, Bekkering H, et al. Flexibility in Embodied Language Processing: Context Effects in Lexical Access [J]. Topics in Cognitive Science, 2014, 6 (3): 407-424.

在很大程度上转换为经验之于概念的作用问题。因而,在此处,并不直接论述具身视域内情境如何影响概念的灵活性,而是借助于经验之于概念的作用来论述。

长期的经验影响概念的表征与存储,而近期的、临时的体验影响特定概念的激活。有学者曾以时间尺度将经验划分为长期的、近期的、即时的等等五种情况,较为翔实地综述了情境之于概念的影响作用。[1] 此处沿用这种时间划分方式,但仅就长期经验、近期体验、当前任务三种时间尺度上的经验作论述。

首先,个体的长期经验塑造概念表征与存储。基于具身认知理论之于身体感知觉运动的强调,一个基本的理论假设是,个体关于对象的概念表征包括与该对象相互作用或感知该对象时经常被激活的感觉运动脑区。这意味着,个体关于该对象的体验、经验塑造对其概念的表征,且随着时间过程中经验的变化,表征也相应改变。例如,个体与物体的交互体验方式(例如,左右利手与之交互)会塑造概念表征:对于右利手个体(通常右手操作物体),相比于左利手者,工具图片的命名会激活其左前运动皮层。[2] 除了体验方式影响概念表征外,体验的数量程度或经验时长亦有影响。例如,研究表明,同时完成多个手动操作的任务会有选择地干扰个体对手动经验对象也即操作对象的思考,而个体与对象交互经验量则能有效预测手动任务中思考中断次数。[3] 这表明,长期的大量的交互经验已经直接塑造了对被操作对象的概念表征。对于这一点,更为直观的一个例子是:长期的职业习惯经验影响概念表征。例如,对于音乐家而言,识别乐器图像比识别其他物体图像激活更多的听觉联合皮质及邻近区域,而对于非音乐人士则没有这种现象发生。由此可以认为,个体与物体交互的长期经验直接塑

---

[1] Yee E, Thompson-Schill S L. Putting Concepts into Context [J]. Psychonomic Bulletin & Review, 2016, 23 (4): 1015-1027.

[2] Yee E, Thompson-Schill S L. Putting Concepts into Context [J]. Psychonomic Bulletin & Review, 2016, 23 (4): 1015-1027.

[3] Yee E, Chrysikou E G, Hoffman E, et al. Manual Experience Shapes Object Representations [J]. Psychological Science, 2013, 24 (6): 909-919.

造概念表征。这就在一定程度上指出，情境或情境任务中的对象之于个体的经验熟识程度（经验数量）将左右个体的概念理解；而个体间不同的经验程度，则将直接体现为不同个体之于同一对象的灵活性认知、差异化认知。

其次，近期体验影响概念激活与检索。一般而言，当近期体验与任务要求的感知觉经验一致时，将有利于认知任务的完成，也即相当于起到了感知启动的作用。例如，认知任务之前的注意力方式将影响概念激活：在对涉及对象属性的句子做真假判断的试验中，当被试所判断句子与其之前的感知觉刺激相同时，判断更快。[①] 类似的，有关启动实验的研究也验证了类似的前期经验之于认知任务或概念的启动作用。这也就表明，近期体验能将注意力转向特定的感知模态，进而可能改变认知情境中的概念激活，使得与该感知模态相关的信息更容易被激活。同时，这种认知任务之前的近期体验之于概念激活可能还有更为持久的影响。当一项认知任务结束之后，如果后续任务与之前任务要求同样模态的感知觉经验信息，那么之前任务中模态信息之于概念的激活、启动作用将延续至后续的认知任务中。综言之，特定认知情境中，个体之前的感知体验能将其注意导向特定的模态表征，影响认知情境中相关概念的激活速率甚至激活水平。这就在很大程度指明，情境或情境任务中的认知对象与个体前期体验的相关程度将左右个体的概念激活。也即，情境之于不同个体体验的相对差异在一定程度上促成了概念激活的殊异或灵活性。

最后，当前的认知任务、认知情境在整体上最直接地影响着某一概念各模态表征或属性的激活程度。例如，相比于对物体位置等非使用属性的描述，对物体使用方式的描述或情境更有利于激活与使用对象相关联的动作词汇。[②] 同时，亦有实验表明，认知任务的要求决定着支持问题解决的相

---

① Van D S, Pecher D, Zeelenberg R, et al. Perceptual Processing Affects Conceptual Processing [J]. Cognitive Science，2008，32（3）：579-590.
② Yee E, Thompson-Schill S L. Putting Concepts into Context [J]. Psychonomic Bulletin & Review，2016，23（4）：1015-1027.

应脑感知区域的活跃程度。那些需要高阶概念信息的认知任务,其在调用直接的感知运动信息基础之上,还需要进行适当的概括与分类。[1] 这就表明,当前的认知任务、认知情境直接左右着概念的激活程度,任务的差异将导致同一概念的理解差异。另外,概念激活也受到概念含义与当前任务所强调的感知模态之间的关系影响。例如,实验表明,暗含关注视觉模态(如视觉词汇抉择实验)的认知任务有助于获取在视觉上经常被体验的属性或事物(词汇),听觉亦然。[2] 类似地,亦有研究认为,根据语言环境,准备与目标词相一致的动作可以加速词汇检索过程。[3] 可以认为,当前认知情境、认知任务所强调突出的感知觉模态信息有利于相应感知觉模态表征的激活。这在一定程度上指明了,长期经验、前期体验之外,当前的认知情境、认知任务最为直接地限定着或引导着某概念不同模态表征、属性特征的激活与否,也自然就可能因情境的差异而表现出概念理解的灵活或差异。

综上所述,基于长期经验、前期体验与当前认知情境之于概念表征与激活的塑造、引导作用可以认为,正是情境及情境体验赋予概念以相应意义,也正是情境的动态不拘,使得概念更具灵活性。这种因体验、因任务、因情境而改变的概念激活也指明,可能并没有任务独立、情境独立的概念,即情境与概念并没有明确的界线,不能完全隔离开来。同时,情境对概念灵活的促进再一次印证了概念的多模态分布表征,表明了不同的属性特征将在不同的情境下或多或少地起作用。那么,由此而引发的一个问题是,感知觉运动表征作为概念表征的一部分,是否也会因为情境的作用而并非总被激活?如果情境决定了感知觉运动表征是否被激活,那就意味着,具身效应并非总能发生。也即,只有情境需要激活感知觉运动表征时才可能

---

[1] Hsu N, Kraemer D, Oliver R, et al. Color, Context, and Cognitive Style: Variations in Color Knowledge Retrieval as a Function of Task and Subject Variables [J]. Journal of Cognitive Neuroscience, 2011, 23 (9): 2544-2557.

[2] Connell L, Lynott D. I See/Hear What You Mean: Semantic activation in visual word recognition depends on perceptual attention [J]. Journal of Experimental Psychology General, 2013, 143 (2): 527-533.

[3] Dam W O, Brazil I A, Bekkering H, et al. Flexibility in Embodied Language Processing: Context Effects in Lexical Access [J]. Topics in Cognitive Science, 2014, 6 (3): 407-424.

呈现具身效应，也即，具身的发生亦然有着情境相关的边界条件的限制。这就涉及情境因素之于具身认知的挑战。

二、情境性挑战具身边界

情境加剧灵活性的同时，意味着具身认知的存在是有着边界条件的。认知情境决定着概念的哪种属性、哪类概念表征将被激活运用，也就指出了这样一种可能：某些认知情境中，感知觉运动经验并不一定是必须的、充分的，因而并不一定激活感知运动系统而生成具身效应。相关的实验证明了这种可能性。例如，尽管具身认知理论视角下运动语句、动词等含有运动语义特征的概念表征确实涵括前运动皮质，但它们是否能在认知加工过程中被唤醒、被调用，则取决于任务和情境。[①] 换言之，感知觉运动经验在词汇理解中并不总是必要的[②]，也并非总是充分的。这就直接挑战了具身理论的核心——认知依赖身体感知体验，意味着具身性并不是普遍存在的，具身效应的发生是有条件的，而条件则指向情境需要与情境线索、熟知程度等。在学理的层面，这还意味着具身理论的理解是需要在特定条件下展开的，而不能泛泛而谈。具体而言，可以从三个方面进行理解：

首先，最为突出的，具身表征之于概念的加工过程并非在任何情境中总是必要的，而是由每一认知情境的特殊性决定。此处沿用论述情境作用时的时间尺度划分，并把长期经验、前期体验进一步合并为熟知程度，与当前任务组成两个论述维度。第一，认知情境之于个体的熟知程度与具身效应呈反比。尽管相当一部分具身认知研究已经表明，行为动词、动作语句的语义加工过程能够激活对应的运动区域，然而，当这些动词被用作隐喻或俗语时，并不一定就有着对应运动区域的激活反应。例如，孤立的动

[①] Kemmerer D. Are the Motor Features of Verb Meanings Represented in the Precentral Motor Cortices? Yes, but within the context of a flexible, multilevel architecture for conceptual knowledge [J]. Psychonomic Bulletin & Review, 2016, 23 (4): 1143.

[②] Kemmerer D. Are the Motor Features of Verb Meanings Represented in the Precentral Motor Cortices? Yes, but within the context of a flexible, multilevel architecture for conceptual knowledge [J]. Psychonomic Bulletin & Review, 2016, 23 (4): 1143.

词或动作短语，如"踢""踢球"，确如具身理论所假设的那样能够引起运动/运动前皮层的反应。但当"踢"出现在某一习惯语境中，则并没有观察到与行为有关的脑皮质激活①（这也能解释前述老年个体具身程度趋于弱化的现象，在于他们大多已习惯了各种语境）。

  类似的，一项基于具身认知理论研究认为，向上或向下运动的语句描述干扰个体对视觉对象的形状感知②，表明了动作语句加工过程中包含运动区域的激活，也即意味着发生了具身效应。基于这一研究，有学者依据语句运用情境抽取出原义陈述、隐喻、抽象三种语境，探究三种语句加工中上述所谓的干扰效应。他们发现，仅在原义陈述句语境中存在干扰效应（也即存在具身效应），而在抽象与隐喻语境中，并不存在这种干扰效应。③这样的实验结果表明，隐喻、抽象或俗语语境中，个体对语境的熟知使得其之于初始的动作语义可能存在着再加工或名词化、去动作化理解，进而导致感知运动区域的弱化。也即，个体越熟知认知情境，具身认知的可能性就越小。第二，当前语境、认知任务本身也影响是否需要具身化认知。例如，有学者观察到，只有在关乎运动的任务中，才会影响相应的语词加工。④ 类似的，还可以以身体—对象交互效应（body-object interaction, BOI）为例详述。BOI是一种语义丰富程度变量，用于衡量人体与单词所指物体进行物理交互时所感受到的轻松程度。依据具身理论，当词汇所指与相对更多的身体经验相关联时，词汇和语义处理的加工效率更高。然而，当把认知任务作为变量纳入实验研究时发现，只有当被试知道认知对象是决策类别的一部分时，才能观察到BOI效应。也即，感知运动信息仅在被

---

  ① Raposo A, Moss H E, Stamatakis E A, et al. Modulation of Motor and Premotor Cortices by Actions, Action Words and Action Sentences [J]. Neuropsychologia, 2009, 47 (2): 388-396.
  ② Richardson D C, Spivey M J, Barsalou L W, et al. Spatial Representations Activated during Real-time Comprehension of Verbs [J]. Cognitive Science, 2003, 27 (5): 767-780.
  ③ Bergen B K, Lindsay S, Matlock T, et al. Spatial and Linguistic Aspects of Visual Imagery in Sentence Comprehension [J]. Cognitive Science, 2007, 31 (5): 733-764.
  ④ Willems R M, Daniel C. Flexibility in Embodied Language Understanding [J]. Frontiers in Psychology, 2011, 2: 116.

试期望实体词将被呈现时才有用。① 这表明,词汇语义处理中的决策语境或任务具有强大的调节作用,影响着运动皮层是否以及如何作用于相关的运动语句。综言之,这一系列相近的研究表明,概念处理或认知过程中运动区域的激活并非必然的,而情境决定着身体感知运动系统及其经验是否被卷入。换言之,个体的概念或认知构成,在多大程度、多大范围或什么形式上需要具身(身体感知运动及其经验)取决于环境或言情境。这里情境因素的摄入也意味着并不必然发生具身效应,而发生了的具身认知也是有着模式差异、程度差异的。这也与前述的讨论是一致的。由此而言,具身认知的发生发展有着情境相关的边界条件,它可以是个体之于情境的熟识程度,还可以是情境本身之于认知的需要。

其次,即使发生具身效应,也可能仅仅发生于认知加工过程中的某一时间段,即,特定情境内的具身效应是有着时间性因素的。这就把情境相关的边界条件进一步拓展至时间进程层面。第一,基于多模态表征的分布、分散性,结合情境之于不同模态表征的引导作用,暗示着这样一种可能:各模态表征或各感知运动信息的激活是先后有别的。随着对认知对象识别过程的展开,一部分模态表征或感知信息比其他更早地被激活,也可能更快地衰减。进而,这种激活顺序或衰减起伏则在一定程度上取决于,信息或刺激的呈现形式与概念属性的匹配程度。例如,呈现视觉刺激往往意味着视觉特征比其他非可视或抽象特征更早地激活,而呈现听觉刺激时,则更可能观察到相反的激活顺序。由此而言,认知过程中概念表征的激活或衰退有着时间上的先后顺序。而从一种情境到另一种情境,这种激活、衰退的顺序并不是固定的。由此需要追问这样一个问题,是否在某一认知时长节点之后,感知运动信息或模态表征逐步衰退而不再发挥作用?第二,这种先后顺序可能意味着具身效应仅仅发生于认知过程中的某一时间段,

---

① Tousignant C, Pexman P M. Flexible Recruitment of Semantic Richness: Context modulates body-object interaction effects in lexical-semantic processing [J]. Frontiers in Human Neuroscience, 2012, 6 (8): 53.

意味着对于具身认知的把握需要基于认知过程划分时间进程边界。相关研究提供了一定的神经影像证据。有学者基于感知运动信息在语言理解过程中以变动灵活的方式被调用这一假设提出这样的疑问：感觉运动的激活作用于什么水平的语言处理（也即作用于语言加工的时间进程是怎样的）？[①]他们通过操纵语言和目标单词的呈现情境，探究了特定模态作用于语言处理的时间过程。其研究结果表明，具身概念加工的语境效应早在词汇识别阶段就已呈现。然而，尽管感觉运动信息的作用过程敏感于呈现单词的语言环境，但却仅仅发生在词汇加工早期（即在词汇处理的 200 毫秒内）。[②]这指明了，当感知运动信息需要被激活时，是被快速激活的。由此可以认为，某一单词并不能在所有认知情境中可靠地激活一致的感觉运动模式（也即表明是灵活的），甚至在一定时间线程上，这种感知表征并不会被激活或激活后全部消退。这就意味着，具身效应是有着时间进程或语言处理水平限制的。进言之，这种一定时间范围内发生的具身效应也意味着，具身认知并不足以支撑一个完整的认知过程，而对具身认知的把握则需要限定在一定的时间边界条件范围内。

最后，即使存在着某一认知过程中含有具身性成分，也可能仅仅是认知过程中的一部分，而情境则决定着具身认知之于该认知过程是否是充分的。例如，有学者沿用上述所谓原义陈述、隐喻、抽象三种语境分类，探究了三种语义语境中的神经反应情况。他们发现，在原义陈述和隐喻语境条件下，初级运动和视觉运动区域的激活程度与个体对句子的熟悉程度成反比；而在隐喻和抽象语境条件下，左颞区的激活增加。[③] 这意味着，一方面隐喻的形成确实有着接地认知的基础，能够以熟悉的具体的事物隐喻其他；而另一方面更为重要的是，个体之于隐喻的理解，部分性地取决于非

---

① Dam W O, Brazil I A, Bekkering H, et al. Flexibility in Embodied Language Processing: Context Effects in Lexical Access [J]. Topics in Cognitive Science, 2014, 6 (3): 407-424.

② Dam W O, Brazil I A, Bekkering H, et al. Flexibility in Embodied Language Processing: Context Effects in Lexical Access [J]. Topics in Cognitive Science, 2014, 6 (3): 407-424.

③ Desai R H, Conant L L, Binder J R, et al. A Piece of the Action: Modulation of sensory-motor regions by action idioms and metaphors [J]. Neuroimage, 2013, 83 (1): 862-869.

模态表征系统。这也就意味着，尽管行为动词、语句的语义加工过程可能涵括运动区域的激活，但其并不足以保证概念、语义理解加工的全部。可以认为，具身认知可能仅仅是认知过程的一部分，而相应的具身理论也仅仅能部分地解释认知本质，其并不能全然把握认知的全部。这也就意味着，有必要在限定的情境条件范围内，有界的讨论具身。

另外，值得注意的是，情境的作用在某种程度上也意味着认知过程中感知觉运动信息的激活或具身效应是有程度差异的。例如，部分神经影像学实验已经表明，相同的动作动词在语义情境中比在形象化情境中，激活更多的运动皮质。[①] 这意味着，感觉运动信息被激活的程度取决于语言环境，并且可能是语境的函数。同时，有理由认为，抽象概念比具体概念对情境约束更为敏感。例如，尽管具体的词汇通常比抽象词汇更快地被理解，但当提供支持性语境时，这种差异就消失了。[②] 由此可以认为，在语言理解、认知过程中，感知觉运动表征的程度随着认知情境的变化是可变的，而情境也在具身程度的意义上限定具身认知发生发展的边界。这与具身认知的年龄特征、文化差异等也是一致的。

综言之，情境的调节象征着边界条件，而基于边界条件需反思具身离身关系问题。基于情境因素的考察，特定模态的感知运动表征在某些情况下比其他情形更有可能被激活，当然也可能不被激活。进言之，对于某一认知过程而言，感知运动表征既不是认知过程中的必要条件，亦非充分条件，即使是对于动作词语亦是如此。这在突出概念灵活性问题的同时，更彰显出情境的双重作用，既促进了具身认知或概念的灵活性，又挑战了具身认知立足的基础。

[①] Zwaan R A. Situation Models, Mental Simulations, and Abstract Concepts in Discourse Comprehension [J]. Psychonomic Bulletin & Review, 2015, 23 (4): 1028-1034.

[②] Zwaan R A. Situation Models, Mental Simulations, and Abstract Concepts in Discourse Comprehension [J]. Psychonomic Bulletin & Review, 2015, 23 (4): 1028-1034.

第三节　情境相关的边界条件

基于概念灵活性辨析情境相关的具身边界条件。综上可知，具身认知体现了概念的灵活性，但仅仅是一种分散的、隔离的灵活。这种无核心的灵活，恰恰又反向挑战了具身认知的解释力、似然性，意味着一种边界，意味着具身认知的发生发展是需要特定的情境边界条件的。当内在的具身模式与情境要求、情境线索一致，则可视为到达边界条件。边界条件的满足意味着激活特定认知模态，至于这种激活是否被真正调用，则还取决于个体关于情境的经验性因素。长期的经验为特定情境内具身认知的发生提供了基础，为个体提供了一种恒常可得的具身模式；近期经验使得潜在的具身认知模式因其更为新近而变得更为通达、可用；而当下的认知任务、当下的情境等则直接决定着这种可得、通达、可用的各具身模式是否适用，只有适用的模式才可能在认知中呈现相应的具身效应。这意味着，认知的具身化并非在任何情境中总是必要的，而是由每一认知情境的特殊性决定。它有关个体对情境的熟识程度，也有关情境对认知的要求等。同时，即使具身效应发生，也可能仅仅发生于认知加工过程中的某一时间段，即，特定情境内的具身效应是有着时间性进程因素的，这就把情境相关的边界条件进一步拓展至时间进程层面。综上而言，具身认知可能仅仅是认知过程中的一部分，而情境则决定着具身认知是否发生、是否足以支撑完整的认知过程等。

更进一步，情境相关的具身边界突出了两个问题：一、需要一个完整的理论，至少作为一种假设，去解读情境的作用；二、基于情境相关的具身边界，重新思考具身、离身的关系问题。

就第一个问题而言，如果情境的作用是决定性的，也即个体不能先验的决定在不同情境中是否调用某一概念的相同信息，那么，情境是如何发挥决定作用的？这就意味着需要一个关于灵活性、关于情境的理论，至少作为一种初始假设存在，去预测、解读什么样的情境或任务能够导致概念的一个方面被激活而不是另一方面。否则，概念表征中的灵活性理论只能沦为不同情况下各种数据的重新描述。例如，假设"抚摸"概念在情境一中激活运动皮层，而在情境二中激活视觉皮层。由此仅能得出"抚摸"这一概念表征是分布、分散的，而不能确定，这种差异是表明了各感知运动经验或模态表征之间的不相关，还是表明了灵活性。因而，至少需要一个独立的理论来解释为什么分别激活了不同的区域。基于前述可以说，年龄的、文化的、个体的差异因素都可能导致特定情境中不同感知模态的激活。由此，年龄、文化、个体化因素都可以作为探究情境理论的一种思维向度、一种思想地平、一种假设起点。反观当下，尽管具身认知理论本是站在传统非模态理论的对立面重视体验而强调情境性，但环境或情境在具身认知研究的讨论中并未受到足够多的关注。因此，对于情境之于具身认知的影响，并不像具身认知研究者所宣称的那般了解。这就更突出了需要一个综合性的理论以促使具身认知更好地解释具身概念的灵活性、情境性等。

就第二个问题而言，情境的引导调节揭示了具身认知之于认知的非必要、非充分性，也就指明了具身认知理论有着情境相关的边界条件的限制，也就有必要重新思考具身、离身的关系问题。这可以从有关概念灵活性的基本假设入手去思考。一般而言，对于概念灵活性问题的考察，一个最基本的假设是，可能存在一个中心性的超脱情境的非模态表征，在不需要激活感知运动系统时发挥作用。这里就涉及前述论及的概念有没有一个核心意义的问题。二者虽不是同一问题，但密切相关，此处作为同一问题来论述。一方面，具身理论的支持者基于情境因素的实验研究认为，概念中即使有所谓中心信息，也不是跨情境自动激活的。例如，在斯楚普（Stroop）任务中，能够解释颜色特征的核心语义长期以来一直被认为是自动激活。新近的实验却证明，这些语义特征的可访问性在不同的语境是不同的。[1] 另一方面，有关概念灵活性假设的实验研究亦挑战了具身。例如，运动相关

---

[1] Barsalou L W. Cognitively Plausible Theories of Concept Composition [M]. J. A. Hampton & Y. Winter Eds. Compositionality and Concepts in Linguistics and Psychology, Language, Cognition, and Mind 3, 2017.

结构的损伤似乎不会显著影响被认为取决于运动信息的概念的处理。这就意味着：运动信息可能并非构成性地作用于概念，或者，这些概念可能构成性地涉及运动信息，但是以情境依赖的方式。甚至，部分支持非模态表征的学者则认为概念过程中运动区域的激活仅仅是一种随附现象，他们以隐喻或部分情境中弱化的运动区域激活来支持他们的论断。尽管这种所谓随附之说并没有足够的证据支持，但依然不能忽视其对具身理论存在基础的质疑与挑战，也即，具身理论需要更充分地解释认知的灵活性、情境性问题。同时，更多的学者则支持一种综合的观点，他们认为隔离的二者均不足以支撑概念知识的全部，而完整的认知模型，则既要有低阶的模态特异感知系统，存储或表征多种经验里反复出现的特征；又要有跨模态的高阶综合区域，或灵活的多级架构来捕获跨模式一致性、适用性的数据等。也即，一个完整的概念表征需要包含非模态、模态表征两个层面。至于何时运用哪种表征方式，则受诸如情境、频率、熟悉度和任务需求等因素的影响。在非常熟悉的环境中，非模态表征足以进行充分和快速的处理；在新颖的环境下，感知觉运动系统更有益于认知处理；而当任务需要更深层次的处理时，则有赖于二者的结合。由此，基于情境相关的边界条件，就具身、离身的关系问题而言，也许应该超越离身、具身的二分，致力于研究各自的相对贡献。

与灵活性紧密相关的另一个概念问题是：概念抽象性问题。它同样是具身认知必须要面对的或解决的问题，同样意味着具身是有边界条件的，是需要有条件地看待的。由此，有必要就概念的抽象性问题及其对具身认知的挑战进行论述。

第九章　抽象性问题

　　概念的抽象性是概念灵活性的一种特殊体现。如前所言，概念的灵活性可以从两个方面理解：一方面指概念本身表征方式的多变、灵活，可因认知者体验到的情境线索差异而检索出不同的概念属性或特征。也即，不同情境、不同体验下，概念表征及其意义是灵活多变的。另一方面则指，概念有一个超越情境、超越体验的不变内核，因而可跨不同情境或言在各种情境下形成较为一致的理解。也即，概念是随机通达的，其适用情境是灵活多变的。关于前者，主要就是从概念的外延而言的，是一种特定范围内的由表征多样性、差异性与情境性而体现出的灵活，可以认为其灵活性是以情境不同、体验差异为前提的。然而，每一情境或同样体验下，仅对应着相应的概念表征及意义，需要多种情境或不同体验才可体现表征的灵活。这就意味着，这里的灵活性恰恰暗含着一种指向、一种限定、限制或定域，总是指向性、限定性地对应于具体事物或事件。关于后者，主要是就概念的内涵而言的，是一种不同情境、不同体验下的随机通达，可以认为其灵活性是以超越情境的概念内核为前提的。即使不同的认知环境、认知任务或不同的感知觉体验，只要认知者掌握了概念的内涵就可顺利进行相应的认知活动或相互交流。这意味着，这里的灵活性暗含着一种随意性，其不受情境、体验的限制。这种超脱情境的随意性很大程度上源于感知觉经验之上的抽象化过程，体现的则是概念的抽象性。由此而言，概念的灵活性还指明了这样一个问题，即概念不仅仅包含感知觉运动体验，更有着抽象性的内容、含义，特别是相对于抽象概念而言。

综言之，抽象性可以看作是概念灵活性的一种特殊情况。前文所述灵活性仅仅是各种方式的灵活，仍是有情境限制的、有指向的；而灵活性的极端化就是跨情境、跨模式的通达，一定范围内随意指代，也就是抽象性。

鉴于抽象性、抽象概念与高阶认知的相关性，充分解释其是如何表征的已成为任何认知理论均需要面对的关键挑战。特别是随着具身认知理论的发展、蔓延，抽象概念的表征问题近来已成为学界争论的焦点。[①] 这种情况值得研究者重新考虑概念系统的结构及其证据。要么放弃具身、离身之间非此即彼的辩论，要么承认离身、具身不再是决然分离的理论。[②] 综言之，概念的抽象性问题关乎学界对具身认知本质属性的理解、关乎边界条件的把握，有必要在概念灵活性基础上进一步探究抽象性问题。

第一节　具身视域内的概念抽象性

抽象性是概念的一种基本属性特征。但在具身视角下，抽象性主要是相对于概念内容是否可感知而言的。抽象性有着抽象度的差异，而抽象概念的抽象度最高。

概念的生成与运用本就是一种抽象化过程，本就意味着抽象性。一般而言，概念是认知者以抽象化的方式从一系列事物中提取出来的反映其共同属性的基本知识单元，其既是认知活动的结果、产物，又是认知活动得以展开的基本单位。从这一界定而言，概念的生成是人类对事物进行抽象化的结果，而所有概念均具有一定程度的抽象性。无论是实体事物概念，如桌子、椅子、计算机等，还是无具体指向的抽象概念，如真理等，它们作为一种概念，在现实中并非真实存在，如同佛家常言的"本来无一物"。

[①] Borghi A M, Binkofski F, Castelfranchi C, et al. The Challenge of Abstract Concepts [J]. Psychological Bulletin, 2017, 143 (3): 263-292.

[②] Mahon B Z. The Burden of Embodied Cognition [J]. Canadian Journal of Experimental Psychology, 2015, 69 (2): 172.

它们均源于认知者对同类事物之相关属性特征的综合、提取与抽象。其所体现的，是从具体到抽象的过程。而在概念运用中，则体现出从抽象到具体的反向过程。具体的认知活动中，认知者一般基于概念与认知情境的匹配，运用某种限定词来指称认知中的具体事物，如这本书、这件上衣，以此解决概念及其所指内容之间的关系。因此可以认为，从概念的生成到运用，体现的是一个具体到抽象、抽象到具体的转化过程。由此，抽象之于概念、认知的作用则就不言而喻了。综言之，可以认为，抽象性是概念的一种基本属性，没有抽象便不成概念，而任何概念也均具有一定程度的抽象性。

在具身认知视域下，概念的抽象性不同于一般，其是相对的，是相对于概念所指有无具体的感知运动体验而言的，可约略为离身性。一般意义上，如上所言，抽象性是概念的基本属性，是所有概念都具有的，不能以此来区分一个概念是抽象的或具体的。但在具身视域内，这种抽象性有着具体所指，是相对的，可由此区分概念是抽象的或具体的。在具身认知视域内，出于其对情境与体验的关注，所谓的抽象是就概念所指有没有可具体感知对象，或能不能被感官直接感知而言的。这就意味着，某一概念的抽象性，或其是具体的还是抽象的，均需要考虑其生成时的情境及认知者的体验。例如"空间"概念的抽象性。在物理学等一般意义上的语境内，"空间"是一个较为抽象的概念；但在具身认知心理学语境内，学者通常把"空间"视为具体概念，主要就是源于认知者可以直接感知"空间"前后、远近、上下等。由此而言，具身视域内的抽象性是相对而言的，需要将概念置于特定的情境及其相应的体验才能更精确地判定其抽象性。同时，从感知觉运动经验之于抽象与否的决定性意义而言，这里的抽象性可约略为离身性。例如，有学者站在具身、离身争论的视角，以离身性来指代抽象性展开讨论。[①] 而在此处，为了表明抽象性是一个前理论的或言所有认知理

---

① Dove G. Three Symbol Ungrounding Problems: Abstract concepts and the future of embodied cognition [J]. Psychonomic Bulletin & Review, 2015, 23 (4): 1109-1121.

论都需要面对的问题，有必要采用抽象性一词。但在实际论述中，抽象性与离身性内容可能会有较大的重复。可以认为，在具身理论视域内，概念的抽象性是相对于身体感知觉体验而言的，与离身性可互为代称。

进而，这种相对性意味着抽象性是有着程度差异的。这种相对性意味着一种动态变化，表明抽象性程度或言抽象度的可变性，而可变则意味着允许程度差异。这指明了，概念可以表征在不同的抽象水平上，如范畴等级体现的抽象水平差异。那么，这种变化或程度差异的决定性因素为何？如上所述，概念源于抽象化过程。由此，抽象性程度就源于抽象化程度。这里有必要理清抽象化与抽象性。抽象化是一种过程，一种思维方式，形成、提高概念抽象性；而抽象性是一种属性，一种状态，体现抽象化程度。可以说，抽象性在某种程度上是抽象化的结果，而抽象化则是概念抽象性的需要。但二者并非严格的隶属关系，都是开放的，都是对所有概念而言都成立的。一般而言，具身或具体概念有着明确的内容指称及可感知对象，其抽象化程度低，因而抽象性、抽象度也就比较低；而抽象概念相对宽泛、易变，缺少明确的感知对象与指称内容，其抽象性更强，或言抽象度更高。同时，二者也都是可以进一步抽象化的，可以形成更高阶的概念或言具有更高的抽象性。由此可以认为，概念的抽象性是相对的，也是有着程度差异的，这种相对性取决于感知运动经验，而程度差异则决定于抽象化过程。

综言之，在一般意义上，抽象性是概念的基本属性，没有抽象便很难生成概念。但在具身视域内，抽象性是相对而言的，是相对于概念生成过程有无具体情境及其感知觉运动体验而言的，可约略为离身性。同时，具身视域内概念的抽象性有着程度差异，是可变的。那么，这种相对的、可变的抽象性与具身理论提倡的具身性相比有何区别或特殊性？二者之间的差异之于具身认知理论又意味着什么？这对于把握具身认知的基本属性、把握具身边界问题是尤为重要的。由此，有必要进一步分析抽象性与具身性的殊异，以明确抽象性问题之于具身理论的独特意义。

第二节　抽象性与具身性分殊

抽象性作为概念的一种基本属性关乎概念的基本结构，影响着研究者对具身认知理论有效性、有效解释范围的把握等。那么如何更好地理解这种影响，就有必要分析其特点。这种分析可借由抽象性与具身性的对比来实现。

需要指明的是，这里的抽象性问题可转化为抽象概念问题。由于抽象性这一称谓或术语所表达或指向的内容过于宽泛，难以进行对比分析等具体化操作研究，因此，有必要依托某种具体的概念范畴进行探讨分析。而抽象性作为一种相对的、可变的、有着程度差异的属性，那些抽象化程度最大或最具抽象性的概念范畴自然最能突出或体现抽象性问题，也就更适宜作为直接的研究对象。结合前文所言，相比于具身或具体概念，抽象概念的抽象化程度更高也更具抽象性。因而，以抽象概念为依托更能突出抽象性问题，也更为方便探究抽象性问题。简言之，尽管概念均具有一定程度的抽象性，但最能体现抽象性问题的还是最具抽象性的抽象概念，而在具体阐述中也就有必要以抽象概念为依托探究概念的抽象性问题。这就意味着，抽象性问题可转化为抽象概念问题，从而把悬空的抽象性问题落实到更可操作的抽象概念问题。由此，可借助抽象概念与具体概念的差异来分析概念抽象性的独特之处。

一、理论层面

首先，不同于具体概念，抽象概念或概念的抽象性内容边界模糊，且没有具体的指向性内容、没有可感知的实体。一方面，缺少具体所指且边界模糊。通常而言，对于什么是爱情、正义这样的问题很难回答，一个重要的原因就在于，"爱""诚实"与"正义"等抽象表达美德概念的词不能简单地归结出具体的、容易辨认的内容所指。相反，对于"椅子"和"狗"等类似的具体概念，通常具有可感知的、单一的、有界的、可识别的指示物。例如，认知者可以看到或移动某把椅子，可以看到或抚摸一条狗，听到它的吠声。相比之下，"爱""诚实""正义"等抽象概念，即使它们可能唤起情境、场景、内省及情感体验等，也依然缺乏清晰的概念界限、缺少可感知的客体对象。这使得语言交流中的个体面对"爱""诚实"和"正义"等抽象概念比面对"椅子""狗"等具体概念时更难理解彼此谈论的内容。另一方面，概念的抽象性内容及抽象概念更脱离感官体验、脱离于具体的经验因素，也就很难被准确把握其所指向、表征的内容。例如，人们通常可以基于与声音、颜色、视觉运动、形状等感觉运动体验相关的属性特征模型在脑内有效预测具体概念，但对于抽象概念而言则很难。[1] 在这个意义上，抽象概念"爱""诚实"等，在很大程度上意味着离身倾向。由此可以认为，抽象概念的高度抽象化使得其脱离于具体的感知运动经验，难以形成明确的指向性内容，且边界模糊。

其次，模糊的边界与高度抽象化使得抽象概念更不稳定、更具变异性。在一般意义上，概念本身的灵活通达以及情境之于概念的影响已经指明，概念本身是在不断变化发展的。例如，随着时间、经验的积累，人类并"不能两次表征一样的内容"[2]。在具身视域内，相比于具体概念，抽象概念的发展变化使得其极不稳定。抽象概念更会被当前的生活经验、情境和文化等所塑造，其随着时间的推移将发展变化出更为不一致的概念内涵。并且，一方面由于抽象概念本身缺少明确的边界、明确的指向性内容，另一方面由于认知者在观念、智慧或体验等层面相互区别，二者使得"自由"等抽象概念在被抽象化过程中或言在被界定、联想或归纳特征时，不同个体或同一个体不同情境之间对于特征的把握也是有着很大差异的。由此，相比于具体概念，抽象概念表现出更大的变异性、不稳定性。

---

[1] Fernandino L, Humphries C J, Seidenberg M S, et al. Predicting Brain Activation Patterns Associated with Individual Lexical Concepts based on Five Sensory-Motor Attributes [J]. Neuropsychologia, 2015, 76: 17-26.

[2] Connell L, Lynott D. Principles of Representation: Why you can't represent the same concept twice [J]. Topics in Cognitive Science, 2014, 6 (3): 390-406.

最后，抽象概念是范畴化的知识表征，可能需要通过多种感知运动经验的长时间积累而获得，也需要调动更多的信息去理解。[①] 无论是前述所言的缺少明确边界、明确指向，还是指出的不稳定性、变异性，它们共同指向：抽象概念是一种范畴化的知识表征。其与具体的感知觉或动作之间并不存在直接的、精确的一一对应关系，而间接的具体感知运动经验在抽象概念表征中也反而显得相对模糊。进言之，这种范畴化既是多种感知经验积累综合、提取抽象的结果，又需要多种感知经验的综合才能凸显出相对明确的概念内涵。以抽象概念"正义"的生成、理解为例。就"正义"的生成、理解过程而言，需要认知者经历多种有关"正义"的认知情境以获得多种有关"正义"的感知体验，并有过多次相应的认知模拟才能对比、综合、提取相似性特征，从而形成多种"正义"属性或特征的集合或概念范畴。随着这种认知过程的不断重复，特定范围内的"正义"概念范畴将逐渐清晰、完善。尽管这一过程需要多种感知觉运动经验的长时间积累，但并非简单的相加取和，而是一种基于相似性的归类综合或分析提取，有着综合基础上的抽象化历程。这就意味着，抽象概念并不能精确对应某一感知觉经验，也就不具备特定的指代性。由此，这种综合抽象也就更倾向于形成一种范畴化表征。

综言之，在理论层面，不同于具体概念，抽象概念或概念的抽象性内容边界模糊，且没有具体的指向性内容或可感知的实体。这使得抽象概念更不稳定、更具变异性。同时，抽象概念是范畴化的知识表征，可能需要通过多种感知运动经验的长时间积累而获得，也需要调动更多的信息去理解。这种理论层面的探究得到了实证研究的支持。

二、实证层面

认知神经科学已经有足够的实证研究证明，抽象概念及概念的抽象性

[①] 苏得权，叶浩生. 大脑理解语言还是身体理解语言——具身认知视角下的语义理解[J]. 华中师范大学学报（人文社会科学版），2013，52（06）：189-194.

内容在认知加工过程、神经解剖学层面不同于具体概念。这方面的实证研究主要集中在两个方面。第一，概念的抽象性程度或抽象度影响概念的加工过程（主要指加工速率），这可以由具体性效应（concreteness effect）与身—物交互效应（body-object interaction，BOI）两类认知实验的实证数据支持。其中，具体性效应最早表明了这种影响。一般而言，具体性是指某一词汇条目或事件能够被感知经历的程度，具体或高具体性概念相比于抽象或低具体性概念更具加工优势。与其一脉相承的是身—物交互效应，其意指身体能够与概念所指内容交互的容易程度。关于身—物交互效应（BOI）的一系列研究均表明，高BOI词汇比低BOI词汇的加工效率更高。[1] 由此而言，概念的抽象性程度影响着概念的加工速率，而抽象概念相较于具体概念的更高的抽象化水平，则可能意味着需要更高阶的认知加工。同时，这种差异也可能意味着神经解剖学、活动脑区的差异。例如，有研究发现，高抽象性的词比低抽象性词语在左侧颞叶上部区域和左侧前额叶皮层的下部区域引起更大的激活。[2] 这就意味着，二者的加工过程是有生理差异的。也即第二个层面，抽象、具体概念在神经生理层面亦是殊异的。例如，在一项有关词汇决策任务的ERP实验中，研究者发现，在抽象语词任务加工过程中，左内侧额回与左侧颞叶皮质的激活程度显著增加，而视觉区域的激活程度则显著减少。[3] 有学者进一步指明了具体概念、抽象概念加工过程中相应脑区的差异。他们在实验中分别呈现包含抽象词对、具体词对、抽象—具体混合词对的简单句子，观察发现，抽象词对的认知加工涉及左侧颞中回区域，而具体词对的认知加工则与额顶叶区域相关。[4] 同时，

---

[1] Dove G. Three Symbol Ungrounding Problems: Abstract concepts and the future of embodied cognition [J]. Psychonomic Bulletin & Review, 2015, 23 (4): 1109-1121.

[2] Dove G. Three Symbol Ungrounding Problems: Abstract concepts and the future of embodied cognition [J]. Psychonomic Bulletin & Review, 2015, 23 (4): 1109-1121.

[3] Adorni R, Proverbio A M. The Neural Manifestation of the Word Concreteness Effect: An electrical neuroimaging study [J]. Neuropsychologia, 2012, 50 (5): 880-891.

[4] Katrin S, Claudia S, Menz M M, et al. Are Abstract Action Words Embodied? An fMRI investigation at the interface between language and motor cognition [J]. Frontiers in Human Neuroscience, 2013, 7 (3): 125.

亦有实验表明，在抽象或低可成像性概念相关的语义任务中，与语言处理相关的脑区更为活跃。① 由此，尽管各实验所观察到的与抽象概念相关的脑活跃区域并非完全一致，但足以说明，抽象概念与具体概念在认知加工过程、神经解剖学水平层面是有着显著差异的。

综言之，在具身认知视域内，概念的抽象性及抽象概念是相对于其脱离直接的身体感知运动经验而言的。相比于具体概念，抽象概念在内容结构与加工过程等层面均是殊异的。在内容结构层面，相比于具体概念，概念抽象性内容及抽象概念是一种范畴性表征，其并没有一个明确的边界及具体指向，也更不稳定、更易变化；在认知加工层面，概念抽象性及抽象概念与具体概念在加工速率、活跃脑区是截然不同的。那么，这种差异对于具身认知理论而言意味着什么？以具身概念为核心的具身认知理论是否适用于抽象概念？一旦具身理论不能充分解释概念的抽象性问题，就可能意味着具身理论是有着边界条件限制的，也就需要重思具身理论的现实解释力问题，重思具身、离身关系问题。

第三节　抽象性问题的挑战

就当前学界有关抽象概念何以能具身化的争论而言，抽象性与抽象概念的表征问题直接挑战了具身认知的可用性、可解释范围等，而具身理论并未能很好地解释、回应这一问题。这意味着其是有边界条件的。进而，潜在的边界条件意味着需要寻求新的方向以能更好地接受抽象问题的检验。基于此，有学者提出了多元表征假设，也许是一种可行的路径。

对于具身认知理论而言，抽象性与抽象概念的表征问题是一个更为严峻的挑战。② 认知心理学者已经意识到抽象的概念是无处不在的，其对于人

---

① Dove G. On the Need for Embodied and Dis-Embodied Cognition [J]. Frontiers in Psychology，2010，1（6）：242.

② Barsalou L W. On Staying Grounded and Avoiding Quixotic Dead Ends [J]. Psychonomic Bulletin & Review，2016，23（4）：1-21.

类的推理、思维和想象等高级认知能力极为重要，在人类的认知中也许比具体概念扮演着更重要的角色。如果想要理解人类的概念，甚至人类的认知，就必须建立理论以理解概念的抽象性以及抽象概念。这意味着抽象性对所有的概念或认知理论都是一个挑战。由于以感觉运动系统为基础的具身表征似乎不太适合表示抽象性内容、抽象概念，这就使得对概念的抽象性及抽象概念的解读之于具身认知理论的解释力而言显得尤为关键。具体而言，基于上述具体概念与抽象概念的区别，抽象性及抽象概念似乎并没有共享相应的感知运动经验，也不具备清晰可辨、具体可感的指涉物。那么，主体是如何以具身性的方式对这种抽象概念进行表征的这一问题就直接构成了对具身认知理论的挑战。尽管大量实验证实了具身理论、具身概念表征假设的合理性，但在大部分研究中所使用的实验材料多是有具体指向的动作概念或具体实物概念，有利于被试以直接的感知运动经验进行表征，也即大多是就具体概念而言的。然而，相比于具体概念，抽象概念所指涉的事物通常是无形的、脱离于直接感知经验的，无法与认知者的感知觉运动系统发生直接关系。这就使得要有力地支撑或证明抽象概念的具身性就显得极为困难，由此对具身认知理论构成了一个重大挑战。[1] 许多支持具身理论的学者已经承认这个困难，甚至认为具身理论无法解释抽象概念的表征问题、无法应对抽象概念的挑战等。[2]

针对这一问题，部分具身理论提倡者认为，即使缺少边界，缺少可识别的、可感知的指示物或参照物，抽象概念依然是接地的。他们认为，除了感知运动和情绪，语言与社会性因素也可以作为一种感知经验而起关键作用。[3] 同时，亦有学者提出隐喻理论假设、具身模拟假设以求解决概念的抽象性问题。然而，尽管支持者提出了种种假设，但这些假设、理论均由

---

[1] Dove G. Three Symbol Ungrounding Problems: Abstract concepts and the future of embodied cognition [J]. Psychonomic Bulletin & Review, 2015, 23 (4): 1109-1121.

[2] Dove G. Beyond Perceptual Symbols: A call for representational pluralism [J]. Cognition, 2009, 110 (3): 412-431.

[3] Borghi A M, Binkofski F, Castelfranchi C, et al. The Challenge of Abstract Concepts [J]. Psychological Bulletin, 2017, 143 (3): 263-292.

于特定的缺陷而始终无法为抽象概念的表征问题提供合理、恰当的解释。

抽象性问题困境凸显出具身认知是有边界条件的，而具备边界本身也意味着有必要寻求新的方向、新的解释以突破边界。进言之，具身性假设在抽象性及抽象概念表征问题上的这种困境表明，具身认知理论提倡的感知运动经验表征并非概念表征的唯一形式，而概念的表征形式也可能是多元的。针对这一假设，部分学者给出了相关的理论阐述及实证证据支持。

首先，就概念抽象性及抽象概念的形成过程而言，抽象性需要在整合或联结的层面上去理解，意味着这种多元假设有着一定的理论可能。如上所言，抽象性及抽象概念的生成有着抽象化过程，而抽象化通常表现为跨情境、跨感知觉通道或多种模态整合、提取信息。也即需要一个综合，需要各模态联合编码才可生成抽象性内容。这里需要注意两点：第一，这里所突出的是整合、联结，而不是抽象本身。[1] 第二，这种整合并非简单相加，其所表征或编码的是多种模态信息或感知运动经验中相似或一致的特征，是一种 A 且 B，而非 A 或 B 的关系。由此，抽象特征的产生可能有着多模态信息的综合提取，可能有着多重、多元表征加工机制。

其次，基于这样一种多元表征假设，其提倡者已展开了部分实证研究力图证实。这主要体现为聚合区与中心—辐射两类假设实验。第一，最早提出并验证这种多元假设的实验，源于所谓脑内聚合区的提出。其位于感觉运动区域的近端，并被认为是高度互联的神经元集合。[2] 基于这一聚合区假设，可以认为，不同类型的抽象概念可由多种模态信息的不同组合来表示。例如，表征自然物可能更多地依赖于整合来自视觉和其他感知形式的信息，而表征人造物则更多依赖于整合视觉、操作性信息。这就意味着，不同类型的抽象概念很可能源于多种模态信息的不同组合。类似地，有学者测量了动作动词阅读任务中感觉运动皮层和相邻顶叶区域的神经元刺激

---

[1] Binder J R. In Defense of Abstract Conceptual Representations [J]. Psychonomic Bulletin & Review, 2016, 23 (4): 1-13.

[2] Dove G. Three Symbol Ungrounding Problems: Abstract concepts and the future of embodied cognition [J]. Psychonomic Bulletin & Review, 2015, 23 (4): 1109-1121.

活动。研究人员观察到，脑内活动过程表现为，从主要负责动词意义映射的感觉运动皮层神经元，逐渐转移到，负责抽象动词处理的顶层区域神经元。[1] 由此，动词类别的抽象处理并不依赖于感知运动区域的事先激活，从而指向了抽象和具体语义的并行处理。第二，不同于聚合区假设，还存在这样一种假定，即有一个具有聚合功能的单一枢纽 ATL 协调认知建构。有学者认为，单独的 ATL 能整合多模态信息以形成抽象的、一般化的概念。[2] 他们的推理多是基于有关 ATL 损伤的语义性痴呆患者（部分概念的语义记忆缺陷）的研究而言的。例如，最近一项运用 fMRI 技术的实验研究，探究了个体认知客体对象不同特征和 ATL 活跃与否之间的联系。他们发现，ATL 存储着高级表征。例如，对检索阶段激活的较低阶对象特征（如颜色和形状）的抽象、概括等高级表征，就存储于 ATL 区域。[3] 这不仅实证了存在 ATL，还在一定程度上探明了其作用。同时，有学者使用多电极阵列研究字对关联任务，当受试者被要求回忆特定的关联时，他们观察到颞中回不断增加的激活频率，而这一区域恰恰是 ATL 的亚区域。[4] 这一发现为这样一种假设，ATL 整合概念以进行高阶表征的神经编码，提供了新的证据。由此而言，基于抽象概念的多元表征假设已在很大程度上得到了实证数据的支持。

综上所述，概念抽象性及抽象概念的表征困境意味着单纯的具身认知理论、具身表征并不能充分解释概念结构、认知本质，自然也就意味着具身理论的探究需要限定边界条件。而边界条件本身进一步指明了，感知运动经验表征并非概念表征的唯一形式，其可能是多元的。这种多元表征假设既有理论需要与理论可能，也有着一定的实验数据支持，在很大程度上

---

[1] Ying Y, Dickey M W, Fiez J, et al. Sensorimotor Experience and Verb-Category Mapping in Human Sensory, Motor and Parietal Neurons [J]. Cortex, 2017, 92: 304-319.

[2] Ralph M A L, Jefferies E, Patterson K, et al. The Neural and Computational Bases of Semantic Cognition [J]. Nature Reviews Neuroscience, 2017, 18 (1): 42-55.

[3] Galetzka C. The Story So Far: How Embodied Cognition Advances Our Understanding of Meaning-Making [J]. Frontiers in Psychology, 2017, 8: 1315.

[4] Galetzka C. The Story So Far: How Embodied Cognition Advances Our Understanding of Meaning-Making [J]. Frontiers in Psychology, 2017, 8: 1315.

意味着一种可行的未来方向。如若表征结构确为多元，那么如何区分各表征，如何理解一个概念既是具身的又是可以抽象的，就显得尤为重要。[①] 这其实是何种意义上何种立场观念成立的问题，可以被认为是边界条件问题的另一种表述。

第四节 小结：从认知的基本问题到具身边界条件

一般化问题、灵活性问题、抽象性问题是各认知理论需要面对的基本问题，它是一种前理论的视角。对这些问题的回应，往往决定着某一认知理论是否能立足。而通过一般化问题、灵活性问题、抽象性问题视角的审视，往往能够探究出一个认知理论的解释范围、解释力等，也有益于更好的把握理论边界。具身认知理论亦然。

综观上述，一般化问题、灵活性问题、抽象性问题之于具身认知理论的挑战意味着具身认知的发生、发展是需要特定边界条件的，而对于具身认知理论的解读、应用也需要限定在一定边界范围内。就一般化问题而言，概念一般化形成的是一致的、相对固定的精要的跨模态概念，需要一个提取、概括、抽象的相继过程，且满足一定的条件要求。既要求个体在认知过程中识别、判断出概念的"深层"结构，或本质或言属性特质层面的相似性或相通性，又要求其联合多种特定模态表征以形成语义记忆与语义表征。这种过程与要求之于具身理论而言，恰恰体现了边界条件的可能。如若具身理论不能很好地解释概念的一般化问题，则就意味着其是需要限定边界条件的，而这一边界范围可能就是上述一般化要求条件的反向范围。就灵活性问题而言，情境之于概念灵活性的双重作用意味着具身理论有着情境相关的边界条件，它有关个体对于情境的长期经验、近期经验及当下的情境要求等。同时，特定情境内的具身效应还有着时间性进程因素，即

[①] Barsalou L W. On Staying Grounded and Avoiding Quixotic Dead Ends [J]. Psychonomic Bulletin & Review, 2016, 23 (4): 1-21.

使具身效应发生，但也可能仅仅发生于认知加工过程中的某一时间段，仅仅是认知过程中的一部分。这种情境相关的边界条件意味着认知的具身化并非在任何情境中总是必要的，而单独的具身认知可能难以支撑一个完整的认知过程。就抽象性问题而言，其直接挑战了具身认知理论的解释范围、解释力，意味着一种多元表征的可能。

由此而言，基于前理论视角，基于认知基本问题的考察，在一定程度上回应、深化了前述身体维度之于具身基本属性与边界条件的认识。这就有必要选取一个更为综合的视角，再次追问具身边界与基本属性。

第十章　辨析边界条件　辨明基本属性

借由具身认知之基本属性的考察来辨析边界条件，而边界条件的逐步明朗又进一步辨明基本属性。每一基本属性都可以反映出一个与其相关的具身边界条件，每一具身边界条件的辨析也都使得基本属性更为清晰。各基本属性的一个综合也就能更为全面地凸显边界条件的特征、所指，而整体上的边界条件的把握则又能进一步推进研究者对具身基本属性的整全把握、深入理解，从而更好地理解具身认知，更好地理解何谓具身，更好地把握具身在什么条件、以什么方式、在何种程度上发生发展。对于具身基本属性与边界条件的正确把握也能进一步推进对具身、离身关系的理解，既避免过度泛化具身，又要避免一味离身或具身的绝对二分。当然并非一定要融合、并非一定要"统一"。也许在学理层面，二者的对立才能更好地映照对方的理论特色与理论品格，也就更有益于揭示认知的本质，而对立或二者的边界则应成为未来研究的焦点。

第一节　重思基本属性与边界条件问题，寻求祛魅与新立

所谓祛魅，就是针对迷失的具身边界及日益泛化的具身困境，破除泛化的具身、破除具身幻象；所谓新立，就是要形成对具身边界条件的新认识，形成对具身认知、对具身与离身关系的新立场、新态度。祛魅的关键在于深刻认识泛化具身及其困境，从而追问具身认知的基本属性、追思边

界条件要求；新立的关键在于由边界条件反思具身认知应当面对的认知基本问题，重新确立具身认知的学术定位。

由此，基于对"泛化的具身"现象的分析而引入基本属性与边界条件问题。源于心智哲学的具身认知一经提出，便受到了广泛关注，成为第二代认知科学的核心议题之一。但部分国内外心理学研究者对具身认知的解读、应用皆存在一种泛化的倾向，突破了其应有的边界，近乎形成了一种具身幻象，阻碍具身理论的进一步深化。纵观其历史与发展，认知的具身性虽已成共识，但部分研究者却并不像泛化具身所体现的那般了解何谓具身，并不清晰具身认知何以发生、如何发生，并不确定具身认知以何种方式、在何种程度上发展。困境的根源在于研究者对具身认知基本属性问题、边界条件问题的把握还并不足以支撑具身的泛化应用。由此而有必要引入基本属性与边界条件问题，对具身认知作前提理论批判与清理。借助具身认知的基本属性辨析其边界条件，再由边界条件辨明具身基本属性、本质，将能更好地推进学界对具身认知的把握，更好地处理离身、具身关系问题，更好地理解认知本质。

第二节　基本属性与边界条件的互释

由身体属性探究具身认知的基本属性，从而明确具身认知以什么方式、在什么程度上发生，进而辨析边界条件。而由边界条件所折射出的"具身"研究面临的基本认知问题出发，可以进一步辨明基本属性。基于共生理念，可以认为，具体某一具身认知或具身效应的发生，符合一个最大通达性原则。

一、由基本属性辨析边界条件：最大通达性原则

由身体属性探究具身认知的基本属性。所谓基本属性，这里主要指具身认知的基本特征、特点，反映的是认知过程中影响具身化程度、具身方式的那部分因素。基于身体对具身认知的建构性影响，可由身体属性窥探

具身认知的基本属性。第一、身体首先是物理生理的身体，使得具身认知有着先天的连续的进化基础。可以认为，认知在具备特定身体属性的有机体和天生具有某种结构特征的身体中得到进化[①]，而一个能感知有行动的身体也是具身认知的根本前提。这也即具身认知的物理生理属性。第二、物理生理基础上的身体还是毕生发展的，使得具身认知有着生命全程的毕生发展基础。从童年感知运动主导的趋强的具身，到青年渐稳的具身，再到老年视觉主导的趋弱的具身，可以认为，具身认知与身体成长在生命全程中是同向发展变化的，表现为一定的年龄特征与毕生发展规律。这也即具身认知的年龄或发展属性。第三、先天生理与发展基础上的身体还有着文化的塑造，使得具身认知有着历史的文化的特异化基础。区域性的风俗习惯、价值观念等文化驱动力塑造着文化特异的身体感知运动经验，促成符合文化期望的特定具身方式、程度。而时代性的文化技术则不断重塑固有的文化形态，进而提供多元文化体验，甚至创造新的感知运动体验，促成多元文化具身模型、虚拟具身等。这也即具身认知的文化属性。第四、从发展的、文化的"亚人"到人本身，身体还有着个体化发展，使得具身认知有着个体化倾向。个体化的身体感知运动习惯、殊异的身体感受性等促成个体惯常持久的具身风格、具身水平。这也即具身认知的个体化属性。可以认为，具身认知是多因素的聚合体、共同体，而认知的具身化可以被视为物理生理的具身化、发展的具身化、文化的具身化、个体化的具身化。进而，物理生理、文化等多因素整体性地塑造着具身认知方式、程度，对于具身认知的把握，也应当考虑这四个方面的影响因素。

由具身认知的基本属性辨析边界条件，明确具身认知以什么方式、在什么程度上发生。所谓边界条件，主要指产生具身效应或生成具身认知应该满足的条件。它意在指出具身有着边界范围，进而揭示影响边界、左右变化的因素。具身认知的多种属性意味着多种影响因素，自然也就意味着

---

① 陈波，陈巍，丁峻. 具身认知观：认知科学研究的身体主题回归［J］. 心理研究，2010，3(04)：3-12.

多边界条件。具体而言，第一、物理生理属性意味着具身效应的发生需要一个能感知、有行动力的身体前提，可视为具身认知发生的基础条件、初始条件。第二、年龄特征意味着具身认知的发生有着年龄、发展层面的限制，需要感知运动经验信息类型及其品质与认知任务的匹配。第三、文化差异意味着具身认知以何种方式、在何种程度上发生、发展是文化殊异的，具身认知的方式、程度是与其文化驱动力、文化期望及个体内在的文化观念相匹配的。同时，文化的边界是可重新塑造的、可变的，可因文化经验的积累而重塑。第四、个体化差异意味着某一具身认知的发生源于差异化的感知运动习惯与身体特异的感受性，二者共同限制了个体惯常持久的具身风格、具身水平。综言之，具身认知是否发生以及在何种程度、以何种方式发生，均有着生理的、发展的、文化的以及个体化的条件限制与共同作用。

可以认为，边界条件是产生具身效应或生成具身认知应该满足的条件。既包括物理生理层面的基本边界（初始边界条件）的限制，前提性地预设了变化范围；又有发展条件、文化条件、个体化条件等多边界条件的相互掣肘，共同限定具身的方式、程度。同时，这种多边界条件既是离身、具身的边界条件，又是具体某一具身方式、具身程度的边界条件。之于前者，满足边界意味着具身效应的发生；之于后者，满足条件意味着特定方式、程度的具身生成。这里需要追问的是，多边界条件之间的相互关系是怎样的，哪个更具优势，如何相互作用等等。也即多边界条件下的具身认知，符合什么样的规律或原理？

进一步，具身认知的发生符合最大通达性原则。遵循最大通达性原则，也即特定认知情境中具有最大通达性的身—心感知渠道才会在认知过程中发挥作用。在特定的具体认知过程、认知情境中，面对多边的边界条件，具体遵循哪一个？这就需要对多边边界条件作进一步的深化思考，以理出一个一致的、可作为对比对象的共性因素。或言，在更具普遍性的意义上指出各边界条件指向的是什么。这可以从各边界条件发生作用的载体来分析。基于前述可知，年龄（发展）、文化及个体化因素并非空凭无物直接改变认知，而是要以身体为载体，要落实到具体行为感知动作上。也即各因素作用是通过塑造行为感知动作对认知发生作用。那么，进一步，各因素对感知动作的塑造是改变了感知动作的什么方面才使得其能启动以发挥作用？参照知识启动理论的相关研究，适当推演至感知运动系统的启动，可归纳为感知动作与特异具身模式的通达性。它由具身模式、感知动作的可得性、可用性、适用性、流畅性共同决定（这里的四性虽源于知识启动研究的启发，但与知识启动领域所谓的可得、可用、适用并不一致）。

①可得性，可得也即可以获得，指向的是个体潜在可以或能够形成的感知动作与具身模式，由物理生理属性所赋予。基于相似的连续进化与相似的身体结构，理论上，每一感知动作、每一具身模式之于个体都是均等可能的、均等可得的。但由于个体间特异的身体差异，这种可得性的均等情况也就被打破了，从而使得个体只能获得就自身身体结构而言的潜在具身模式。在这个意义上，可得性之于个体在范围上、容易程度上都是有差异的，也就会影响到感知动作或具身模式的通达性。可以认为，可得性表达的是一种潜在的具身可能。

②可用性，也即可以运用，指向的是已经获得的、能够运用的感知动作与具身模式，主要由年龄或发展属性所赋予。基于前述所论具身程度与自然属性同向共变可知，特定年龄的身体在一定范围内，可经由感知运动经验把潜在可得的具身模式转化为可用的。发展的程度限定了个体在多大程度上能够把潜在的转化为可用的。对于同年龄段个体，可用性范围大小、可用程度均是等可能的。对于不同年龄段个体，具身模式的可用性则体现出差异。可用性的认知模式是建基于可得性，是把潜在可能变成了现实可能，但一般处于准备或待命状态，也即可用并不一定适用。

③适用性，也即符合、适用，指向的是可用的具身模式能够或者适合被调用，主要由文化属性所赋予。文化习惯、价值理念等所提供的认知情境、所表达的文化期望决定了处于准备状态的可用的具身模式是否适用。一般而言，特定文化之于个体是恒常显著的，能够持久性地影响特定具身模式是否恒常可用且适用，进而决定了特定具身模式是否频繁显现，因而

影响到通达性。

④流畅性，也即流畅程度、惯用程度，主要由个体化的发展所赋予。个体的感知运动习惯及自主选择倾向能够使那部分可用的、适用的具身模式产生流畅程度差异，而较为流畅的模式则就相对更易发生（更为通达）。可以认为，经由发展的、文化的、个体化的因素共同塑造，特定感知动作与具身模式能够从潜在的可得发展到处于准备状态的可用与适用状态，进而由习惯产生流畅程度差异，最终展现出通达程度差异。由此，各边界条件所共同改变或塑造的，可以被认为是具身模式的通达性程度差异。在具体的认知情境中，对于个体而言最为通达的具身模式意味着流畅、适用、可用，因而被表现出来。

进而，基于认知基本问题中所论及的情境之于具身认知灵活性的双重作用，可以认为，具身模式的通达程度可能是恒常的，也可能是暂时的，是可变、可塑的。一般而言，文化、个体感知习惯使得特定具身模式获得了一种恒常通达性。例如，汉语文化圈中脸部清洁相关的具身道德更为常见，而英语文化圈中的手部洁净相关的具身道德更为常见。这就意味着文化赋予通达具身模式以恒常显著。但这并不意味着不可改变。情境线索能够使得部分刺激或认知信息更为显著，从而更易启动相应的具身模式，自然也就暂时提高了其通达程度。例如，改变用手习惯能暂时性地改变左右空间的情绪效价。进言之，比较恒常通达与暂时通达两种情况，暂时通达的具身模式能够获得一种新近性优势，也更具吻合优度①，从而更易在当下的认知情境中显现。由此而言，通达程度可以有恒常、暂时两种情况，是可变可塑的，因而也就是相对的，是相对于个体当下所处情境而言的。

综上而言，具身认知是多属性的聚合体，具身效应的发生有着初始条件、多边边界条件的相互掣肘。各边界条件之于具身认知的影响，则在于改变其通达程度。具体某一认知是否具身，以何种形式、在何种程度上具

---

① 方文. 群体资格：社会认同事件的新路径［J］. 中国农业大学学报（社会科学版），2008，25（1）：89-108.

身，则符合最大通达性原则。一方面，最具通达性的感知动作、具身模式源于生理的、发展的、文化的、个体化的等各因素的共同塑造，而又不与任一因素的感知模式相同，可视作各因素作用的一种共生的、综合的体现。另一方面，反向思考，这一原则或原理至少可作为一个实验、理论假设存在，可引导实证研究更好地探究具身认知的基本属性与边界条件。

由此，对于边界条件，一个更为综合的解释是，主要指产生具身效应或生成具身认知应该满足的物理生理基础、发展、文化、个体化等多边综合条件。多个边界条件之间是对立且依存共生的，它们相互掣肘以共同塑造相对条件下最为通达的具身模式。边界条件的考察并非要确立某一个具体的数值作为边界。这里的边界本身并非如数学函数边界那样是一个具体的数值，它只是要表明具身有着边界范围，只是要指明影响边界、左右变化的因素。它意在指出，对于具身认知的探究需要从这些因素出发，以更精确地、定域性地去探讨具身。可以认为，考察边界条件问题，既要树立边界意识以祛除泛化的魅惑、困境，也即祛魅；又要基于边界条件而重新定位具身，也即新立。

二、由边界条件辨明基本属性：共生

由边界条件探究具身认知面临的基本认知问题，进一步辨明基本属性，树立共生理念。边界条件意味着认知具身化可发生可不发生，意味着具身并非必然。这也就意味着具身认知理论并不适用一切认知。进而，这就涉及具身认知理论的解释效力问题，也就涉及了具身认知理论面临认知基本问题的挑战。由此，进一步探究具身理论之于认知一般化问题、灵活性问题、抽象性问题的解释力。认知的一般化、灵活性、抽象性既要求个体在认知过程中识别、判断出概念的"深层"结构，抑或本质、属性特质层面的相似性或相通性，又要求其联合多种特定模态表征以形成语义记忆与语义表征。这意味着，一种跨模态、中心性的语义表征系统的可能，一种多元表征的可能。进言之，灵活性、抽象性与一般化的形成，既离不开模态特异的具身认知，又离不开符号抽象的离身认知，且需要二者的相互支撑、转化。这就意味着离身与具身的同构共生。更进一步,从这种共生的理念回视具身认知的基本属性与边界条件,可以认为,具身认知的生成过程本就是多因素的同构共生过程。一个最为通达的具身模式,并不仅仅是隶属于某一个边界、由某一个因素塑造的。它需要发展的、文化的、个体化的等多种因素的相互作用。由此而言,具身认知虽是多属性的,但各属性并非隔离的、割裂的,而是一体共存的、共生的;而认知本身虽有着离身、具身之分,但就构成整体认知而言,二者亦是对立又互补、同构且共生的,单独一方不足以支撑认知的全过程。

由此,对于"具身"的理解,从最直接的含义上是身体的问题,是身体的涉入,是身体的价值等;但更深层次的含义,则是"活动",是"生成",是"共生"。进而,这种共生既是具身各影响因素的共生,更是具身与离身的共生。一方面,离身与具身是对立、冲突的,但这种冲突是建设性冲突[①],为更好地揭示认知本质提供了多种可能;另一方面,离身与具身又是互补、共存、共生的,从认知生成到问题解决等贯穿认知全过程的,是二者之间的灵活转化、互为支撑。这种共生的意蕴需要一种辩证的思维、互释的立场,从而有边界地把握具身本质、具身与离身关系问题。

第三节 在对立与互释中追问具身本质,实现祛魅与新立

祛魅,也即破除泛化。具身并非随意的、无条件的,其不能被随意泛化,不能被随意赋予具身性内涵;它是定域的,有着边界条件要求,应在限制条件下讨论。新立,也即新的立场。具身、离身的同构共生意味着需要一种互释的立场,有边界地把握二者的关系。但这并不意味着要融合统一,而应在对立中保持理论品格,在二者的辩证互释中打破理论壁垒、实现知识互惠。

---

① 翟贤亮,葛鲁嘉. 积极心理学的建设性冲突与视域转换[J]. 心理科学进展,2017,25(02):290-297.

物理生理、发展、文化、个体化视角的考察表明了具身认知是有着方式、程度的差异的，而差异表明了具身认知的发生、发展是有边界的。边界条件决定了某种具身认知效应是否发生以及以何种形式、在什么程度上发生。由此，在一个完整的认知过程中，具身认知并不是必然的、固有的存在，更不是唯一的存在。这就有必要从认知本身的视角反思具身认知是否必然。前理论视角下（不预先设置理论假设）认知基本问题的考察，回应、验证了身体体验维度层面的边界条件问题，并进一步直接挑战了具身认知的解释力、似然性等。

进一步，综合身体维度与前理论视角下认知维度的考察，重思具身本质、认知本质、离具身关系问题。一种可能的方向或思考的倾向是，具身认知是有关身体体验之物理生理的、发展的、文化的、个体化的等多因素的共生，而认知则是离身、具身的同构过程、共生过程。之于前者，各因素的共生不能仅仅是一种泛泛而谈的一般化的讨论，更为重要的是基于边界条件发掘共生之所以共生的关键。这可能在于共生的发展塑造出特定具身模式的可得性、可用性、适用性、流畅性，也即通达。这种通达可能是恒常的，也可能是暂时的、新近的，且往往是当下的情境、当下的新近体验更具显著性而更为可用、通达。之于后者，离身、具身的共生性关系并不意味着二者一定就是统一的、融合的，二者依然是有着各自特色的存在。不能因为这种共生的关系而去寻求合并或一味盲目融合二者。一种可能的、可行的、有利的思维倾向也许应该是承认两种认知的存在并直面二者的对立，以对立的立场寻求二者的差异，寻求各自成立的边界条件（生成具身、离身认知所应该满足的条件）。进而，以边界条件为核心考察方向，在对立中寻找各自的基本属性、本质所在。

在未来的认知心理学甚至认知科学研究中，提倡一种对立与互释的学术立场、学术态度、学术方向，提倡以边界条件问题为研究的焦点、辨析的核心、进步的基础。对立而不取代，互释而不融合，围绕边界保持各自的理论品格、理论特色、理论生命，从而有边界地展开知识互惠，提升各自的现实解释力、理论生命力。

余论：身体在何种意义上回归教育以及如何回归教育

受"具身"思潮影响，"身体＋""具身＋"（如身体＋道德，即具身道德）正日益成为一种广受推崇的研究趋向，尤其在教育领域，这种趋势已经"僭越"了它应有的理论边界，正向着一种学科范式迈进。有关"具身＋"教育的学术论文等出版物的增长速度似乎在向外界宣称，身体或具身认知是破除各种教学难题、拯救教育于水深火热之中的"灵丹妙药"。然而，具身认知研究的可重复性危机，又似乎表明具身效应的稳定性、一致性是值得质疑的。在更一般的意义上，**"身体"话语、具身概念的特殊性，恰在于它拒绝被任何概念捕捉，也拒绝被任何话语框定，过度地强调"身体"、过多地论及"具身性"，反而更可能架空"身体"，背离"具身"的理论品格。任何知识或理论，本意味着看见、意味着想象力，引领着人内在精神空间的多维建构，任何泛化或功能化理解，都会扼杀其理论想象力。**

以德育为例，身体性因素已成为理解道德发生的关键线索之一，而将具身道德与当代道德教育问题进行捆绑、嫁接，正日益成为一种广受推崇的德育研究趋向。但综观现有的研究成果，部分论述随意将一些看似相仿的概念进行生硬地勾连、比附，以致产生违背具身认知理论假设的误解，淹没了具身道德真正的教育价值。从具身认知研究的可重复性危机来看，道德等社会认知具身效应的发生是存在强弱、层次差异的，很可能受多维线索制约。在广泛推行具身德育之前，我们需要以生成具身效应的边界条件为基点，重新审视具身道德的解释效度、应用范围，进行合乎具身认知前提假设的理论转化与延伸，从而合法、有效地建构具身德育模式。换言之，我们需要更细致地考察身体以何种方式、在何种程度、何种意义上影响道德，从而更系统地建构具身道德的解释模型，使其成为探讨道德议题的一种视域拓展、有益补充。这种边界意识的涉入与条件考察，也将为新时代我国公民道德建设、学校德育改革等提供更可靠的学理参考与政策依据，为破解传统德育难题提供新思路。

也即，身体抑或具身，在教育界是一个需要被重新拯救与祛魅的概念，我们需要将其从泛化的内卷趋势里解脱出来。

那么，身体在何种意义上回归教育，以及如何回归教育？

一、具身认知理论思潮确为教育研究提供了新空间

仍以具身道德、具身德育为例，身体的回归，首先要承认其对于我们把握道德、理解德育的变革性作用。不同于康德主义的唯理性和休谟情感观的重情性，具身道德基于梅洛庞蒂的知觉现象学，认为道德深植于身体与世界的相互作用之中，并受到了脑的、生理的、神经的，甚至身体的约束。它是对身心二元论进行深刻反思的产物，试图把道德研究从实证科学和纯理性的双重霸权下救赎出来，使人们关注身体、理解身体、反思身体，为阐释道德开辟了新方向。一方面，道德具身性的证实研究无疑为考察身体影响道德的作用方式提供了充足的原始材料、广阔的探索空间。研究者主要选取内隐联想测验范式、情境操纵范式、Stroop 范式和心境诱发范式来探究不同的身体感知—运动体验与道德概念表征、道德判断的相互作用关系，而研究结果也相继证实了二者的联结具有心理现实性，如上下、左右、重轻、软硬、黑白等感知觉与道德判断/行为的一致性易化效应、补偿效应与抑制效应。在这一基础上，彭凯平、喻丰等人关于道德的物理心理学述评、苏彦捷等人的元分析进一步表明物理变量与道德心理变量存在对应关系，而鲁忠义等人关于具身隐喻的系列研究进一步验证了某一特定身体变量与道德联结的双向性。这为具身道德的学理拓展奠定了良好的实证基础。另一方面，具身道德的理论阐释与发生机制研究为身体回归德育视

域扫清了理论障碍。借助于具身认知的"概念化""替代""延展"等三大核心假设，学界对具身道德发生机制问题的探索在两个维度上并行展开：道德概念的建构受到来自身体提供给自己的视角的影响，即把身体因素作为道德认知的重要影响因素展开阐释；重视道德发生过程中自发涌现的脑、身体和世界之间的耦合交互作用，尝试以身体为核心的动态交互过程代替道德符号表征的算法加工去阐释道德相关议题。沿着上述两类立场，围绕表征形式、内容等道德概念表征议题，已相继涌现出概念隐喻理论、感觉运动模拟理论、知觉符号理论等。这为探讨具身道德的生成机制提供了广阔的研究视域，也对人类理解身体与道德的相互作用关系提供了理论线索。可以看到，随着具身道德研究的不断深入，其教育价值开始被学者注意到。他们把身体视为透视道德教育的新视角，或将其视为破解传统德育难题的新希望，对其含义、原则、价值等作了系统论述，为德育模式创新提供了新可能。

二、有必要开展教育语境中具身性研究的批判性省思

当前海量的实证研究看似已经形成了成熟的具身德育、具身教育研究范式，实际上却是一种不合理的泛化、内卷化倾向，大多驻足于描述性研究层面而导致没有发展的增长。这类研究大多秉承"概念性重复"的策略，往往采取仅改变研究设计中某一自变量的操作方式，形成现象描述式的、散点式的研究格局，难以对身体如何影响道德问题产生更深层次上的、整体性的系统理解。而近年来具身道德研究的可重复性危机、具身效应的个体差异等，揭露出道德具身效应的低稳定性、不一致性问题，使得具身道德的解释力、科学公信力面临挑战。例如，多项有关具身道德的调节、中介变量的研究均表明，即使同一个身体变量或道德概念，其在不同文化背景、不同任务要求下，也很可能会引发不同形式、不同强弱程度的具身效应。这就意味着，进一步开展具身道德应用或具身德育研究之前，有必要对具身教育相关议题进行反思性清理。

三、有必要进一步聚焦教育语境中具身效应的发生条件与解释效度问题

受制于具身认知与经典认知理论在概念表征议题方面的不兼容性,道德等教育场域中的具身表征与"离身"表征争议仍在持续。另一方面,具身阵营内部关于教育具身机制的不同解读虽然彰显了具身认知的理论潜力,但相互的争议却也暗示了各种解释的理论限度亟待界定。也许这并不是一个非此即彼的问题,很可能存在概念的多重表征系统,决定着身体在何种意义、何种范围内作用于教育。具身认知基本属性与边界条件的考察,为厘定身体在何种条件下、以何种方式作用于教育提供了基本研究框架与方法启示。考察过程中呈现出的文化—情境—身体感知运动—惯习的多层次生成系统,以及围绕概念生成机制的抽象性问题、灵活性问题、一般化(范畴化)问题的探索,将为理清多重表征系统中身体性因素的作用范围、阐明具身解释的理论限度与效度问题提供有益参考,有助于我们确定"我们可以在什么层面宣称教育是具身的"。

四、基于最大通达性原则开展教育场域中的可供性问题研究

从基础研究走向教育应用,我们需要进一步明确,认知层面的多重表征、多层生成系统在日常道德生活等教育事件中是如何索引或触发的。基于可供性(affordance)概念,我们提出了一个最大通达性原则,即在特定情境、特定事件中具有最大通达性的具身认知通路才会产生相应模式的具身效应。换言之,具身效应的强弱决定于个体认知或思维惯习的通达性程度,而符合个体认知惯习的情境往往具备当下的最大通达性而易引起较强的具身效应。这为我们更精准地开展具身教育提供了基本参照。**在更宏观的意义上,由具身认知引发的可供性问题探究将为教育变革提供新思路。**可供性概念由生态心理学家詹姆斯·吉布森(James·J. Gibson)提出,最初是指环境为动物提供(offer)或准备(provide)或供应(furnish)的东西,着重强调"环境属性使得个体的某种行为得以实施的可能性"。在吉布森的论述中,环境提供了一种介质,中介着主体和对象的意义理解、情感

交流，抑或行为发生，而可供性的实现意味着主体的实践和环境本来具备的可能性之间达成了最后呈现。换言之，可供性虽内在于环境，以环境属性为基础，但其只有在主体的感知、实践或行动中才可呈现出来。而若逆可供性而行，工具或说介体等，就都将成为一种阻碍。在当下的学界论述中，对可供性概念的理解更强调关系性、主体间性的视角，多将其解读为某一特定情境下行动主体感知到的其能够使用环境展开行动、满足目标的潜能与情境潜在特性、约束范围或能力的关系，也即，环境允许或邀请个体与之互动的品质。**聚焦到教育语境中，这种视角不孤立地看待环境或教育内容，而是强调教育内容、环境与学生的交互实践。**原理上，任何环境都具有介质的可供性，但其必须在意义和情感的交流实践当中呈现，它才能构成富含教育意味的环境。这种环境，不仅是客观物理环境，还可以解释为知识环境、价值环境。这也就意味着，可供性问题的研究，例如，知识等本身所具有的结构性特征的个性化调整，将有助于我们在教育中打破身体感知与抽象概念的宰制、决定。在教育教学中，觅得知识与学生、价值与主体之间的"机缘"，将知识的可能性释放出来，将教育中的价值性解蔽出来，帮助学生直观地感受到知识的可能性、价值的可供性。

五、提倡用"现象"教学打造真实学习体验

从教学与课程论等角度看，具身认知推动了知识观革新，知识生成论、学生主体的实践教学等类似观点一再被论及。但正如希林所言，"身体"与一般学术话语的区别恰恰在于它拒绝被话语捕捉，越是谈论"身体"或"具身性"，越可能抽空而非回归身体。可以看到，大多研究仍停留于学理探究的维度，且大多仍将教育视为纯"精神性""抽象性"的过程。真正摆脱话语的窠臼，需要构造一种肉感的、历史的身体，需要回到真正的身体实践上。基于具身认知的生成性、情境性等特征，芬兰的现象教学法似乎更符合身体回归教育的意旨，也即，通过整体性、真实性与情境性的教学建构，让学生看到知识的可能性、价值的可供性。而学生也要基于教师给出的启发性现象，从不同角度对现象、事件等做出解释或解决方案。一方面，更注重整体性（holisticity），要求整合多个分立学科，引导学生用多维视角研究现实世界中的日常现象；另一方面，更注重真实性（authenticity），教育教学的组织应指向生活中的真实性问题，诸如教学问题的提出、材料的架构等均应源于学生的现实世界；同时，更注重生成性，有必要营造情境以将学生置于一个未被定义的模糊事件面前，由其自主选择具体的现象或问题，自主形成解题的方法或思路等。

在更一般的意义上，身体向教育的回归还需要真正破除理念偏见，成为完整的人。通常，我们视智慧或精神是人之为人的根本，更欣赏或追求象征着才智的艺术或心灵或哲学，认为其高雅，视肉体为携带精神的容器，鄙视或驱逐象征着感官的身体活动，认为其庸俗。比如劳动，比如劳动紧密相关的平凡，我们往往会陷于对平凡的恐惧。当然，我们无意识中鄙视身体相关的一切，也无意中通过对身体的美化去彰显自己的不凡。我们觉得身体是一种象征，是等级象征。所以我们会蔑视某种身体姿态，也会通过塑造某种姿态去炫耀自己。不能因为动用了智慧去欣赏艺术，就觉得艺术比只需要动用本能的美食就更"高尚"，二者并没有多少本质差别，艺术与美食并不是高雅和低俗这样的区分。边界条件与基本属性的考察表明，离身、具身并不是毫不相干或互相对立的两个范畴，更像是认知发展过程中的光谱一样的连续体。

或者说，身体并不捆绑或束缚灵魂，反而会助其丰满。我们既非摆脱了身体享受的天使，也非沉溺于身体满足的野兽，而是受身心影响的整体，在任何认知或行动中都会把身体感知、心智经验、精神建构等统一于当下。

参 考 文 献

[1] Ackerman J M, Nocera C C, Bargh J A. Incidental Haptic Sensations Influence Social Judgments and Decisions [J]. Science, 2010, 328 (5986): 1712-1715.

[2] Adorni R, Proverbio A M. The neural manifestation of the word concreteness effect: an electrical neuroimaging study [J]. Neuropsychologia, 2012, 50 (5): 880-891.

[3] Bailey J O, Bailenson J N, Casasanto D. When Does Virtual Embodiment Change Our Minds? [J]. Presence, 2016, 25 (2): 222-233.

[4] Baltes P B, Lindenberger U. Emergence of a powerful connection between sensory and cognitive functions across the adult life span: a new window to the study of cognitive aging? [J]. Psychology & Aging, 1997, 12 (1): 12-21.

[5] Barsalou L W. Cognitively Plausible Theories of Concept Composition [M]. J. A. Hampton & Y. Winter Eds. Compositionality and Concepts in Linguistics and Psychology, Language, Cognition, and Mind 3, 2017.

[6] Barsalou L W. Grounded cognition [J]. Annual Review of Psychology, 2008, 59 (1): 617-645.

[7] Barsalou L W. On Staying Grounded and Avoiding Quixotic Dead

Ends [J]. Psychonomic Bulletin & Review, 2016, 23 (4): 1-21.

[8] Bender A, Beller S. Nature and culture of finger counting: diversity and representational effects of an embodied cognitive tool [J]. Cognition, 2012, 124 (2): 156-182.

[9] Bergen B K, Lindsay S, Matlock T, et al. Spatial and linguistic aspects of visual imagery in sentence comprehension [J]. Cognitive Science, 2007, 31 (5): 733-764.

[10] Bergen, Benjamin K. Louder than words: The New Science of How the Mind Makes Meaning [M]. New York: Basic, 2012.

[11] Binder J R. In defense of abstract conceptual representations [J]. Psychonomic Bulletin & Review, 2016, 23 (4): 1-13.

[12] Borghi A M, Binkofski F, Castelfranchi C, et al. The challenge of abstract concepts [J]. Psychological Bulletin, 2017, 143 (3): 263-292.

[13] Borghi A M, Setti A. Abstract Concepts and Aging: An Embodied and Grounded Perspective [J]. Frontiers in Psychology, 2017, 8: 430.

[14] Bornstein M H, Hahn C S, Suwalsky J T D. Physically Developed and Exploratory Young Infants Contribute to Their Own Long-Term Academic Achievement [J]. Psychological Science, 2013, 24 (10): 1906-1917.

[15] Carl Gabbard. The role of mental simulation in embodied cognition [J]. Early Child Development & Care, 2013, 183 (5): 643-650.

[16] Casasanto D, Chrysikou E G. When left is "right". Motor fluency shapes abstract concepts [J]. Psychological Science, 2011, 22 (4): 419-422.

[17] Casasanto D, Jasmin K. Good and bad in the hands of politicians: spontaneous gestures during positive and negative speech [J]. Plos

One, 2010, 5 (7): e11805.

[18] Casasanto D. Embodiment of abstract concepts: good and bad in right- and left-handers [J]. Journal of Experimental Psychology General, 2009, 138 (3): 351-367.

[19] Cerulo K. Embodied Cognition: Sociology's Role in Bridging Mind, Brain and Body, 2017.

[20] Chapman H A, Anderson A K. Trait physical disgust is related to moral judgments outside of the purity domain [J]. Emotion, 2014, 14 (2): 341-348.

[21] Clowes R W, Mendonça D. Representation Redux: Is there still a useful role for representation to play in the context of embodied, dynamicist and situated theories of mind? [J]. New Ideas in Psychology, 2014, 40.

[22] Cohen D, Leung A K Y. The hard embodiment of culture [J]. European Journal of Social Psychology, 2009, 39 (7): 1278-1289.

[23] Connell L, Lynott D. I see/hear what you mean: semantic activation in visual word recognition depends on perceptual attention [J]. Journal of Experimental Psychology General, 2013, 143 (2): 527-533.

[24] Connell L, Lynott D. Principles of representation: why you can't represent the same concept twice [J]. Topics in Cognitive Science, 2014, 6 (3): 390-406.

[25] Cooperrider K, Núñez R. Across time, across the body Transversal temporal gestures [J]. Gesture, 2009, 9 (2): 181-206.

[26] Costello M C, Bloesch E K, Davoli C C, et al. Spatial representations in older adults are not modified by action: Evidence from tool use [J]. Psychology & Aging, 2015, 30 (3): 656.

[27] Costello M C, Bloesch E K. Are Older Adults Less Embodied? A Review of Age Effects through the Lens of Embodied Cognition [J].

Frontiers in Psychology, 2017, 8 (657508): 267.

[28] Dam W O, Brazil I A, Bekkering H, et al. Flexibility in Embodied Language Processing: Context Effects in Lexical Access [J]. Topics in Cognitive Science, 2014, 6 (3): 407-424.

[29] Danckert S L, Craik F I M. Does aging affect recall more than recognition memory? [J]. Psychology & Aging, 2013, 28 (4): 902.

[30] Daniela K. O'Neill, Jane Topolovec, Wilma Stern-Cavalcante. Feeling Sponginess: The Importance of Descriptive Gestures in 2- and 3-Year-Old Children's Acquisition of Adjectives [J]. Journal of Cognition & Development, 2002, 3 (3): 243-277.

[31] Desai R H, Conant L L, Binder J R, et al. A piece of the action: Modulation of sensory-motor regions by action idioms and metaphors [J]. Neuroimage, 2013, 83 (1): 862-869.

[32] Diaconescu A O, Hasher L, Mcintosh A R. Visual dominance and multisensory integration changes with age [J]. Neuroimage, 2013, 65 (1): 152-166.

[33] Diaz M T, Johnson M A, Burke D M, et al. Age-related differences in the neural bases of phonological and semantic processes [J]. Journal of Cognitive Neuroscience, 2014, 26 (12): 2798-2811.

[34] Diersch N, Jones A L, Cross E S. The timing and precision of action prediction in the aging brain [J]. Human Brain Mapping, 2016, 37 (1): 54-66.

[35] Dove G. Beyond perceptual symbols: a call for representational pluralism [J]. Cognition, 2009, 110 (3): 412-431.

[36] Dove G. How to go beyond the body: an introduction [J]. 2015, 6 (660): 1-3.

[37] Dove G. On the need for Embodied and Dis-Embodied Cognition [J]. Frontiers in Psychology, 2010, 1 (6): 242.

[38] Dove G. Three symbol ungrounding problems: Abstract concepts and the future of embodied cognition [J]. Psychonomic Bulletin & Review, 2015, 23 (4): 1109-1121.

[39] Eerland A, Guadalupe T M, Zwaan R A. Leaning to the left makes the Eiffel Tower seem smaller: posture-modulated estimation [J]. Psychological Science, 2011, 22 (12): 1511-1514.

[40] Fernandino L, Humphries C J, Seidenberg M S, et al. Predicting brain activation patterns associated with individual lexical concepts based on five sensory-motor attributes [J]. Neuropsychologia, 2015, 76: 17-26.

[41] Galetzka C. The Story So Far: How Embodied Cognition Advances Our Understanding of Meaning-Making [J]. Frontiers in Psychology, 2017, 8: 1315.

[42] Glenberg A M, Gallese V. Action-based language: A theory of language acquisition, comprehension, and production [J]. Cortex, 2012, 48 (7): 905-922.

[43] Glenberg A M, Goldberg A B, Zhu X. Improving early reading comprehension using embodied CAI [J]. Instructional Science, 2011, 39 (1): 27-39.

[44] Goldinger S D, Papesh M H, Barnhart A S, et al. The Poverty of Embodied Cognition [J]. Psychonomic Bulletin and Review, 2016, 23 (4): 959-978.

[45] Goldman, A, Vignemont D. Is social cognition embodied? [J]. Trends in Cognitive Sciences, 2009, 13 (4): 154-159.

[46] Hackney A L, Cinelli M E. Older adults are guided by their dynamic perceptions during aperture crossing [J]. Gait & Posture, 2013, 37 (1): 93-97.

[47] Häfner M. When body and mind are talking. Interoception mod-

erates embodied cognition [J]. Experimental Psychology, 2013, 60 (4): 255-259.

[48] Heuer H, Hegele M. Age-related variations of visuo-motor adaptation beyond explicit knowledge [J]. Frontiers in Aging Neuroscience, 2014, 6 (8): 192.

[49] Hsu N, Kraemer D, Oliver R, et al. Color, Context, and Cognitive Style: Variations in Color Knowledge Retrieval as a Function of Task and Subject Variables [J]. Journal of Cognitive Neuroscience, 2011, 23 (9): 2544-2557.

[50] Ijzerman H, Cohen D. Groundingcultural syndromes: Body comportment and values in honor and dignity cultures [J]. European Journal of Social Psychology, 2011, 41 (4): 456-467.

[51] James K H, Maouene J. Auditory verb perception recruits motor systems in the developing brain: an fMRI investigation [J]. Developmental Science, 2009, 12 (6): F26-F34.

[52] James K H, Swain S N. Only self-generated actions create sensori-motor systems in the developing brain [J]. Developmental Science, 2011, 14 (4): 673-678.

[53] Jones A, Fitness J. Moral hypervigilance: The influence of disgust sensitivity in the moral domain [J]. Emotion, 2008, 8 (5): 613-627.

[54] Jonna L, Markus R, Rouwen C B. A Lifespan Perspective on Embodied Cognition [J]. Frontiers in Psychology, 2016, 7 (373): 845.

[55] Jostmann N B, Lakens D, SchubertT W. Weight as an Embodiment of Importance [J]. Psychological Science, 2009, 20 (9): 1169-1174.

[56] Karavanidou E. Is Handwriting Relevant in the Digital Era? [J]. Antistasis, 2017, 7: 153-164.

[57] Katrin S, Claudia S, Menz M M, et al. Are abstract action words embodied? An fMRI investigation at the interface between language and motor cognition [J]. Frontiers in Human Neuroscience, 2013, 7 (3): 125.

[58] Kemmerer D. Are the motor features of verb meanings represented in the precentral motor cortices? Yes, but within the context of a flexible, multilevel architecture for conceptual knowledge [J]. Psychonomic Bulletin & Review, 2016, 23 (4): 1143.

[59] Klaus G. Embodiment of Spatial Reference Frames and Individual Differences in Reference Frame Proclivity [J]. Spatial Cognition & Computation, 2013, 13 (1): 1-25.

[60] Kretch K S, Franchak J M, Adolph K E. Crawling and walking infants see the world differently [J]. Child Development, 2014, 85 (4): 1503-1518.

[61] Lakoff G, Johnson M. Metaphors we live by [M]. Chicago: University of Chicago press, 1980.

[62] Lakoff G. Women, fire, and dangerous things: What categories reveal about the mind [M]. Chicago: University of Chicago press, 1990.

[63] Lebois L A M, Wilson-Mendenhall C D, Barsalou L W. Are Automatic Conceptual Cores the Gold Standard of Semantic Processing? The Context-Dependence of Spatial Meaning in Grounded Congruency Effects [J]. Cognitive Science, 2014, 39 (8): 1764.

[64] Lee S W S, Schwarz N. Dirty Hands and Dirty Mouths: Embodiment of the Moral-Purity Metaphor Is Specific to the Motor Modality Involved in Moral Transgression [J]. Psychological Science, 2010, 21 (10): 1423-1425.

[65] Lee S W, Tang H, Wan J, et al. A cultural look at moral purity: wiping the face clean [J]. 2015, 6: 577.

[66] Leung A K, Cohen D. Within- and between-culture variation: individual differences and the cultural logics of honor, face, and dignity cultures [J]. Journal of Personality & Social Psychology, 2011, 100 (3): 507.

[67] Leung A K, Qiu L, Ong L, et al. Embodied Cultural Cognition: Situating the Study of Embodied Cognition in Socio-Cultural Contexts [J]. Social & Personality Psychology Compass, 2011, 5 (9): 591-608.

[68] Leung K Y, Cohen D. The Soft Embodiment of Culture [J]. Psychological Science, 2008, 18 (9): 824-830.

[69] Mahon B Z. The burden of embodied cognition [J]. Canadian journal of experimental psychology, 2015, 69 (2): 172.

[70] Mahon B Z, Hickok G. Arguments about the nature of concepts: Symbols, embodiment, and beyond [J]. Psychonomic Bulletin & Review, 2016, 23 (4): 1-18.

[71] Mangen A, Balsvik L. Pen or keyboard in beginning writing instruction? Some perspectives from embodied cognition [J]. Trends in Neuroscience & Education, 2016, 5 (3): 99-106.

[72] Marshall P J. Beyond different levels: embodiment and the developmental system [J]. Front Psychol, 2014, 5 (5): 929.

[73] Mayberry E J, Sage K, Lambon Ralph M A. At the edge of semantic space: The breakdown of coherent concepts in semantic dementia is constrained by typicality and severity but not modality. Journal of Cognitive Neuroscience [J], 2011, 23 (9), 2240-2251.

[74] Mcneil N M, Uttal D H, Jarvin L, et al. Should you show me the money? Concrete objects both hurt and help performance on mathematics problems [J]. Learning & Instruction, 2009, 19 (2): 171-184.

[75] Meltzoff A N. Towards a developmental cognitive science. The implications of cross-modal matching and imitation for the development of

representation and memory in infancy [J]. Annals of the New York Academy of Sciences, 2010, 608 (1): 1-37.

[76] Merzenich, Michael. Soft-wired: How the New Science of Brain Plasticity Can Change your Life [M]. CA: Parnassus, 2013.

[77] Miles L K, Nind L K, Macrae C N. Moving through time [J]. Psychological Science, 2010, 21 (2): 222-223.

[78] O'Brien E, Ellsworth P C. More than skin deep: visceral states are not projected onto dissimilar others [J]. Psychological Science, 2012, 23 (4): 391-396.

[79] O'Connor C. Embodiment and the Construction of Social Knowledge: Towards an Integration of Embodiment and Social Representations Theory [J]. Journal for the Theory of Social Behaviour, 2017, 47 (1): 2-24.

[80] Patterson K, Nestor P J, Rogers T T. Where do you know what you know? The representation of semantic knowledge in the human brain [J]. Nature Reviews Neuroscience, 2007, 8 (12): 976-987.

[81] Pereira A C. The Phenomenology of Brain, Embodiment, and Technology-Contemporary Culture Challenges [J]. Social Science Electronic Publishing, 2016, 7: 10-14.

[82] Peters J, Daum I. Differential effects of normal aging on recollection of concrete and abstract words [J]. Neuropsychology, 2008, 22 (2): 255-261.

[83] Phan M L, Schendel K L, Recanzone G H, et al. Auditory and Visual Spatial Localization Deficits Following Bilateral Parietal Lobe Lesions in a Patient with Balint's Syndrome [J]. Journal of Cognitive Neuroscience, 2000, 12 (4): 583-600.

[84] Ralph M A L, Jefferies E, Patterson K, et al. The neural and computational bases of semantic cognition [J]. Nature Reviews Neuro-

science, 2017, 18 (1): 42-55.

[85] Ralph M A L, Sage K, Jones R W, et al. Coherent concepts are computed in the anterior temporal lobes [J]. Proceedings of the National Academy of Sciences of the United States of America, 2010, 107 (6): 2717-2722.

[86] Raposo A, Moss H E, Stamatakis E A, et al. Modulation of motor and premotor cortices by actions, action words and action sentences [J]. Neuropsychologia, 2009, 47 (2): 388-396.

[87] Reilly J, Harnish S, Garcia A, et al. Lesion Symptom Mapping of Manipulable Object Naming in Nonfluent Aphasia: Can a Brain be both Embodied and Disembodied? [J]. Cognitive Neuropsychology, 2014, 31 (4): 287-312.

[88] Reuven O, Liberman N, Dar R. The Effect of Physical Cleaning on Threatened Morality in Individuals With Obsessive-Compulsive Disorder [J]. Clinical Psychological Science, 2013, 2 (2): 224-229.

[89] Richardson D C, Spivey M J, Barsalou L W, et al. Spatial representations activated during real-time comprehension of verbs [J]. Cognitive Science, 2003, 27 (5): 767-780.

[90] Riddle D R. Changes in Cognitive Function in Human Aging-Brain Aging: Models, Methods, and Mechanisms [J]. 2007.

[91] Roberts K L, Allen H A. Perception and Cognition in the Ageing Brain: A Brief Review of the Short- and Long-Term Links between Perceptual and Cognitive Decline [J]. Frontiers in Aging Neuroscience, 2016, 8: 39.

[92] Rohrer T. The body in space: Dimensions of embodiment [M]. In T. Ziemke, J. Zlatev & R. M. Frank Eds. Body, Language and Mind. Berlin: Mouton de Gruyter, 2007, 339-378.

[93] Rosch E. Principles of categorization [M]. In E. Rosch & B.

B. Lloyd Eds. Cognition and categorization. Hillsdale, NJ: Erlbaum, 1978, 28-49.

[94] Roxbury T, McMahon K, Coulthard A, Copland D A. An fMRI study of concreteness effects during spoken word recognition in aging. Preservation or Attenuation? [J]. Frontiers in Aging Neuroscience. 2016, 7: 240.

[95] Schnall S, Haidt J, Clore G L, et al. Disgust as Embodied Moral Judgment [J]. Personality & Social Psychology Bulletin, 2008, 34 (8): 1096-1109.

[96] Serge T, Twomey K E. What's on the Inside Counts: A Grounded Account of Concept Acquisition and Development [J]. Front Psychol, 2016, 7 (214): 402.

[97] Smith L B. Action alters shape categories [J]. Cognitive Science, 2005, 29 (4): 665-679.

[98] Smith L B. It's all connected: Pathways in visual object recognition and early noun learning [J]. American Psychologist, 2013, 68 (8): 618-629.

[99] Smith, LB., and Samuelson, L. "Objects in space and mind: from reaching to words," in Thinking Through Space: Spatial Foundations of Language and Cognition [M]. K. Mix, L. B. Smith, and M. Gasser Eds. Oxford: Oxford University, 2010.

[100] Spackman J S, Yanchar S C. Embodied Cognition, Representationalism, and Mechanism: A Review and Analysis [J]. Journal for the Theory of Social Behaviour, 2014, 44 (1): 46-79.

[101] Sugovic M, Witt J K. An older view on distance perception: older adults perceive walkable extents as farther [J]. Experimental Brain Research. experimentelle Hirnforschung. expérimentation Cérébrale, 2013, 226 (3): 383-391.

[102] Tare M, Chiong C, Ganea P, et al. Less is More: How manipulative features affect children's learning from picture books [J]. Journal of Applied Developmental Psychology, 2010, 31 (5): 395-400.

[103] Thelen E. Grounded in the world: developmental origins of the embodied mind [J]. Infancy, 2000, 1 (1): 3-28.

[104] Tousignant C, Pexman P M. Flexible recruitment of semantic richness: context modulates body-object interaction effects in lexical-semantic processing [J]. Frontiers in Human Neuroscience, 2012, 6 (8): 53.

[105] Vallet G T, Hudon C, Bier N, et al. A SEMantic an d EPisodic Memory Test (SEMEP) Developed within the Embodied Cognition Framework: Application to Normal Aging, Alzheimer's Disease and Semantic Dementia [J]. Front Psychol, 2017, 8: 1493.

[106] Vallet, G. T. Embodied cognition of aging. Frontiers in Psychology [J], 2015, 6, 463.

[107] Van D S, Pecher D, Zeelenberg R, et al. Perceptual processing affects conceptual processing [J]. Cognitive Science, 2008, 32 (3): 579-590.

[108] Varela F J, Thompson E, Rosch E. The Embodied Mind: Cognitive Science and Human Experience [M]. Boston, MA: MIT Press, 1991.

[109] Ward S J, King L A. Individual differences in intuitive processing moderate responses to moral transgressions [J]. Personality & Individual Differences, 2015, 87 (10): 230-235.

[110] Wellsby M, Pexman P M. Developing embodied cognition: insights from children's concepts and language processing [J]. Frontiers in Psychology, 2014, 5: 506.

[111] Willems R M, Daniel C. Flexibility in Embodied Language Understanding [J]. Frontiers in Psychology, 2011, 2: 116.

[112] Willems R M, Toni I, Hagoort P, et al. Neural Dissociations between Action Verb Understanding and Motor Imagery [J]. Cognitive Neuroscience Journal of, 2010, 22 (10): 2387-2400.

[113] Wilson M. Six views of embodied cognition [J]. Psychonomic Bulletin & Review, 2002, 9 (4): 625-636.

[114] Yee E, Chrysikou E G, Hoffman E, et al. Manual Experience Shapes Object Representations [J]. Psychological Science, 2013, 24 (6): 909-919.

[115] Yee E, Thompson-Schill S L. Putting concepts into context [J]. Psychonomic Bulletin & Review, 2016, 23 (4): 1015-1027.

[116] Yee N, Bailenson J N, Ducheneaut N. The Proteus effect implications of transformed digital self-representation on online and offline behavior [J]. Communication Research, 2009, 36 (2): 285-312.

[117] Ying Y, Dickey M W, Fiez J, et al. Sensorimotor Experience and Verb-Category Mapping in Human Sensory, Motor and Parietal Neurons [J]. Cortex, 2017, 92: 304-319.

[118] Zestcott C A, Stone J, Landau M J. The Role of Conscious Attention in How Weight Serves as an Embodiment of Importance [J]. Personality & Social Psychology Bulletin, 2017, 43 (12): 1712-1723.

[119] Zhong C B, Leonardelli G J. Cold and lonely: does social exclusion literally feel cold? [J]. Psychological Science, 2010, 19 (9): 838-842.

[120] Zouhair Maalej. Figurative Language in Anger Expressions in Tunisian Arabic: An Extended View of Embodiment [J]. Metaphor & Symbol, 2004, 19 (1): 51-75.

[121] Zwaan R A. Situation models, mental simulations, and abstract concepts in discourse comprehension [J]. Psychonomic Bulletin & Review, 2015, 23 (4): 1028-1034.

[122][加]埃文·汤普森. 生命中的心智：生物学、现象学和心智科学［M］. 李恒威，等译. 杭州：浙江大学出版社，2013.

[123][加]保罗·萨伽德. 心智：认知科学导论［M］. 朱菁，陈梦雅，译. 上海：上海辞书出版社，2012.

[124]陈波，陈巍，丁峻. 具身认知观：认知科学研究的身体主题回归［J］. 心理研究，2010，3（04）：3-12.

[125]陈丽竹，叶浩生. "重"即"重要"？重量隐喻的具身视角［J］. 心理研究，2017，10（04）：3-8.

[126]陈巍. 神经现象学：整合脑与意识经验的认知科学进路［M］. 北京：中国社会科学出版社，2016.

[127]陈巍，郭本禹. 具身—生成的认知科学：走出"战国时代"［J］. 心理学探新，2014，34（02）：111-116.

[128]陈巍，张静. 直通他心的"刹车"：五问具身模拟论［J］. 华东师范大学学报（教育科学版），2015，33（04）：65-71.

[129]陈巍. 具身认知运动的批判性审思与清理［J］. 南京师大学报（社会科学版），2017（04）：118-125.

[130]崔倩. 触觉经验对认知判断的影响［D］. 南京：南京师范大学，2012.

[131]窦东徽，彭凯平，喻丰，刘肖岑，侯佳伟，张梅. 经济心理与行为研究的新取向：具身经济学［J］. 华东师范大学学报（教育科学版），2015，33（01）：67-76.

[132]方文. 群体资格：社会认同事件的新路径［J］. 中国农业大学学报（社会科学版），2008，25（1）：89-108.

[133]费多益. 寓身认知心理学［M］. 上海：上海教育出版社，2010.

[134][美]弗雷德里克·亚当斯，肯尼斯·埃扎瓦. 认知的边界［M］. 黄侃，译. 杭州：浙江大学出版社，2013.

[135][智]F. 瓦雷拉，[加]E. 汤普森，[美]E. 罗施. 具身心智：

认知科学和人类经验［M］．李恒威，等译．杭州：浙江大学出版社，2010.

［136］郭贵春．科学哲学问题研究（第1辑）［M］．北京：科学出版社，2012.

［137］葛鲁嘉．认知心理学研究范式的演变［J］．国外社会科学，1995（10）：63-66.

［138］葛鲁嘉．心理成长论本——超越心理发展的心理学主张［J］．陕西师范大学学报（哲学社会科学版），2010，39（03）：5-10.

［139］葛鲁嘉．心理环境论说——关于心理学对象环境的重新理解［J］．陕西师范大学学报（哲学社会科学版），2006（01）：103-108.

［140］何静．身体意象与身体图式：具身认知研究［M］．上海：华东师范大学出版社，2013.

［141］胡万年，叶浩生．中国心理学界具身认知研究进展［J］．自然辩证法通讯，2013，35（06）：111-115＋124＋128.

［142］姜孟，严颖慧，高梦婷．概念的灵活性、结构性、语言不定性：知觉符号的组构系统特征［J］．英语研究，2015（1）：76-122.

［143］［美］劳伦斯·夏皮罗．具身认知［M］．李恒威，董达，译．北京：华夏出版社，2014.

［144］黎晓丹，叶浩生．中国古代儒道思想中的具身认知观［J］．心理学报，2015，47（05）：702-710.

［145］李恒威，盛晓明．认知的具身化［J］．科学学研究，2006（02）：184-190.

［146］李其维．"认知革命"与"第二代认知科学"刍议［J］．心理学报，2008，40（12）：1306-1327.

［147］李伟．教育的根本使命：培育个体"生命自觉"［J］．高等教育研究，2012，33（04）：26-34.

［148］刘晓力．交互隐喻与涉身哲学——认知科学新进路的哲学基础［J］．哲学研究，2005（10）：74-81＋130.

［149］刘晓力．延展认知与延展心灵论辨析［J］．中国社会科学，2010

（01）：48-57+222.

[150] [法] 莫里斯·梅洛·庞蒂. 知觉现象学 [M]. 姜志辉, 译. 北京：商务印书馆, 2005.

[151] 彭璐珞, 郑晓莹, 彭泗清, 等. 文化混搭研究：综述与展望 [C]. 中国社会心理学会 2013 年年会暨首届文化心理学高峰论坛、湖北省心理学会 2013 年年会. 2013.

[152] 彭璐珞, 郑晓莹, 彭泗清. 文化混搭：研究现状与发展方向 [J]. 心理科学进展, 2017, 25（7）：1240-1250.

[153] [美] 乔治·莱考夫, 马克·约翰逊. 我们赖以生存的隐喻 [M]. 何文忠, 译. 杭州：浙江大学出版社, 2015.

[154] 秦晓伟. 文化建构的身体——福柯与埃利亚斯对身体的话语分析 [J]. 黔南民族师范学院学报, 2009, 29（01）：40-44.

[155] 苏得权, 叶浩生. 大脑理解语言还是身体理解语言——具身认知视角下的语义理解 [J]. 华中师范大学学报（人文社会科学版）, 2013, 52（06）：189-194.

[156] 魏晓斌. 关于语言经济原则的反思 [J]. 哈尔滨工业大学学报（社会科学版）, 2010, 12（5）：97-100.

[157] 徐献军. 具身认知论：现象学在认知科学研究范式转型中的作用 [M]. 杭州：浙江大学出版社, 2009.

[158] 杨大春. 从身体现象学到泛身体哲学 [J]. 社会科学战线, 2010（07）：24-30.

[159] 叶浩生. "具身"涵义的理论辨析 [J]. 心理学报, 2014, 46（07）：1032-1042.

[160] 叶浩生. 认知与身体：理论心理学的视角 [J]. 心理学报, 2013, 45（04）：481-488.

[161] 叶浩生. 有关具身认知思潮的理论心理学思考 [J]. 心理学报, 2011, 43（05）：589-598.

[162] 殷融, 曲方炳, 叶浩生. "右好左坏"和"左好右坏"——利手

与左右空间情感效价的关联性［J］．心理科学进展，2012，20（12）：1971-1979．

［163］翟贤亮，葛鲁嘉．本土自觉：心理学本土化的边际人格困境及其超越［J］．心理学探新，2017，37（04）：291-295．

［164］翟贤亮，葛鲁嘉．积极心理学的建设性冲突与视域转换［J］．心理科学进展，2017，25（02）：290-297．

［165］翟贤亮，葛鲁嘉．心理学本土化研究中的边际品性及其超越［J］．华中师范大学学报（人文社会科学版），2017，56（03）：170-176．

［166］翟贤亮．挺身于世界：探析中国古代心理学思想的具身性［D］．长春：吉林大学，2015．

［167］张博，葛鲁嘉．具身认知的两种取向及研究新进路：表征的视角［J］．河南社会科学，2015，23（03）：29-33．

［168］张博，葛鲁嘉．温和的具身认知：认知科学研究新进路［J］．华侨大学学报（哲学社会科学版），2017（01）：19-28．

［169］张再林．"我有一个身体"与"我是身体"——中西身体观之比较［J］．哲学研究，2015（06）：120-126．

［170］张再林．身体·对话·交融——身体哲学视阈中的中国传统文化的现代阐释问题［J］．西北大学学报（哲学社会科学版），2007（04）：11-13．

［171］张再林．吴光明"中国身体思维"论说［J］．哲学动态，2010（03）：43-49．

［172］赵冬梅，刘志雅，刘鸣．归类的解释观和跨范畴分类［J］．心理科学，2002，25（5）：608-609．

［173］赵旭东．个体自觉、问题意识与本土人类学构建［J］．青海民族研究，2014，25（4）：7-15．